U0611907

连续变量量子密码安全

Security of Continuous – Variable Quantum Cryptography

马祥春　王明阳　宋震　盖新貌　著

国防工业出版社

·北京·

内容简介

量子密码和量子保密通信是密码前沿领域研究最为活跃的热点之一，它可为我们的信息传输和隐私保护提供最理想的安全保障。本书针对连续变量量子密码实际系统可能存在的缺陷或非完美性，提出了若干种量子黑客攻击手段，研究分析了实际系统的安全性，给出了相应的安全防御措施，同时提供了测量设备无关协议的安全性理论分析及实验实现方案，这将有望使实际系统一次性关闭所有的探测端漏洞，免疫所有的探测端攻击。

本书内容专业性强、理论推导严谨，具有一定的启发性和实用性，适合相关专业研究生阅读和学习，也可作为密码领域研究人员的参考书。

图书在版编目(CIP)数据

连续变量量子密码安全 / 马祥春等著. —北京：
国防工业出版社，2018.5
ISBN 978-7-118-11575-8

Ⅰ. ①连… Ⅱ. ①马… Ⅲ. ①量子－密码－研究
Ⅳ. ①TN918.1

中国版本图书馆 CIP 数据核字(2018)第 111773 号

※

国防工业出版社出版发行
（北京市海淀区紫竹院南路 23 号　邮政编码 100048）
天津嘉恒印务有限公司印刷
新华书店经售
*
开本 710×1000　1/16　印张 8½　字数 146 千字
2018 年 5 月第 1 版第 1 次印刷　印数 1—2000 册　定价 32.00 元

前　　言

在信息和网络时代,量子密码不仅可以允许合法的通信方进行安全通信,还能够为我们日常生活中所处理的个人信息、隐私及重要数据提供无条件安全保护。相比于传统的经典密码,量子密码的安全性是由量子力学法则所保证的,可以实现信息论安全。

然而,由于实际系统中存在一些非完美性等因素,量子密码系统的安全性可能会受到一定程度上的损害。因此,在当前的密码应用中,研究实际系统的安全性具有非常重要的现实意义。本书正是聚焦连续变量量子密钥分发(CVQKD)的现实安全性研究,力图增强实际系统的安全性和可靠性。

首先,针对 Bob 端分束器的分束比依赖于波长的缺陷,本书完整提出了CVQKD 波长攻击方案,攻击差分探测协议系统。攻击策略显示,Eve 发送给 Bob的两束光经过平衡零拍探测器(BHD)后引入的散粒噪声,是 Bob 的探测结果偏离 Eve 的窃取结果的主要原因,因此需要仔细考虑。在这种情况下,本书首先具体分析了波长攻击下必须满足的方程的解,然后精确计算了 BHD 的散粒噪声,从而得出结论,在某些参数范围内波长攻击才能够被成功实施。

进一步,本书还分析了本底光随时间波动的 CVQKD 实际系统的安全性,该波动为窃听者窃取密钥打开了后门。窃听者通过降低本底光的强度可以模拟这种波动,从而隐藏高斯集体攻击留下的痕迹。数值模拟显示,如果 Bob 不监控本底光的强度,且不使用本底光强度的瞬时值对其探测结果进行归一化,则密钥率将会被严重高估。

另外,本书同时还发现本底光的强度波动不仅使 Bob 端探测结果的归一化变得困难,还可以改变非理想 BHD 的信噪比,从而可能会严重损害 CVQKD 实际系统的安全性。但进一步研究发现本底光的强度也可以被合法的通信方操控,即被调节稳定在一个预定的常数值上,以消除本底光的波动影响,从而避免Eve 对本底光的可能攻击。而且,针对噪声信道,特别是城域 QKD 网络信道,通过调节本底光的强度,改变实际 BHD 的信噪比使其达到最优值,还可以提高实际系统的密钥率。在这种情况下,BHD 的高探测效率、低电子学噪声的设计要求也可以被降低。为了实现这种操作,本书给出了相应的实验方案,以此来增强实际 CVQKD 系统的安全性。

通过分析单向 CVQKD 实际系统的现实安全性,除了克服实际系统中具体的非完美性或安全性漏洞外,本书还独立提出了连续变量测量设备无关(MDI) QKD 方案,即使用高斯调制相干态源来实现,从而可以一次性关闭所有的探测漏洞。该方案不仅可以将探测过程交给非可信的第三方,从而免疫所有的探测器侧信道攻击,相比于离散变量 MDI – QKD 协议,该方案还可以具有很高的密钥率。因此,非常适合高安全量子信息网络的构建。

针对 CV MDI – QKD,本书分别证明了其在单模攻击和双模攻击下的安全性。基于高斯集体攻击的最优性及纠缠的单配性(非共享性)结果显示,双模相干攻击,即两量子信道被潜在的窃听者 Eve 反关联,是次优的,而单模攻击,如每个信道上独立的纠缠克隆攻击,在渐近情况下是最优的。在这种情况下,密钥率的下界值可以被计算出来。而且,对于这样的基于中继的协议,由于中继是非可信的,所有这种破坏中继测量的多模攻击都应该被约化成单模攻击来进行安全性分析,从而简化分析过程。因此,向信道中注入纠缠或相关噪声并不能为 Eve 进行窃听带来更多的优势。

最后,为了使 CV MDI – QKD 能够应用于安全通信,基于局域制备本底光的测量原理,本书探索性地提出了真正实现该协议的实验方案。该方案不仅解决了 Alice、Bob 和 Charlie(Bell 中继)之间参考系的校准和同步问题,还极大地简化了发送方和接收方的光学布局,因此很容易进行芯片级集成。

另外,本书还探讨了平衡零拍探测器和大功率脉冲激光器的制备,弄清楚了它们的内部结构,这对高安全 CVQKD 系统的构建具有重要的意义。

本书从攻击的角度研究了连续变量量子密码实际系统的安全性,内容新颖,思路清晰,条理性强,可为相关专业领域的研究人员提供借鉴和参考。

本书编写过程中得到了梁林梅教授、孙仕海讲师、江木生博士等人的极大鼓励和支持,他们对本书的波长攻击、本底光强度攻击等相关章节内容提出了许多重要的建议,在此表示深深的感谢!本书的若干研究成果是在与国防科技大学的李春燕博士、周艳丽博士、唐光召、陈欢、单雨竹、徐耀坤、王灿、刘苹、桂明、石惟旭等人交流讨论的基础上得到的,在此一并表示衷心的感谢!

感谢国防工业出版社的工作人员为本书的出版所付出的辛勤劳动!

由于作者水平有限,前沿发展太快,时间仓促,书中的不足和疏忽之处恳请各位专家和广大读者批评指正。

目　　录

第1章 绪 论

随着时代的发展、科技的进步,密码目前已经广泛应用于我们日常的生产、生活等各类活动中,如银行卡、信用卡、网上账户等都需要进行密码的设置和认证。特别是政治、军事以及商业,为保证高度机密的信息或数据安全传输和使用,密码的重要性无可置疑,其安全性更是极其关键。密码的发明和使用已逐渐成为一门完善的、博大精深的科学和技术,称为密码术(Cryptography)[1]。近年来,密码与量子力学结合形成量子密码(Quantum Cryptography)[2],以极其迅猛的速度发展,掀起了一场密码界的风暴,引起了学术界、商业界,甚至包括政府、公司等各大机构或团体的广泛关注和研究。

1948年,美国 Bell 实验室 Claude E. Shannon 发表了著名论文《通信的数学理论》(*A Mathematical Theory of communication*)[3],奠定了现代信息理论的基础,标志着经典信息论与编码理论学科的诞生[4]。从此,数字通信领域飞速蓬勃发展,科技创新日新月异。伴随着计算机科学的发展,我们所处的信息社会以前所未有的态势大跨步前进。

经典信息论的深入发展,必然会涉足量子领域。事实上,从信息论的角度研究量子物理,这一思想在20世纪后期迅速发展起来,并逐渐发展成量子信息科学(Quantum Information Science),信息的终极支撑是量子的而非经典的观念也逐渐被人们所接受。其中,信息存储和信息传输极限的研究催生出了量子通信(Quantum Communication)领域,而计算能力极限的研究则产生了量子计算(Quantum Computation)领域或量子信息处理(Quantum Information Processing)领域。早在20世纪70年代,Stephen Wiesner 便提出了量子货币(Quantum Money)的概念,量子密码术的概念也由此产生[5]。几年后,Charles Bennett 和 Gilles Brassard 提出了两种密码类原型:密钥分发(Distribution of Secret Keys)和比特承诺(Bit Commitment)[6,7]。从此,量子密码迅猛发展,掀起了理论研究和实验探索的热潮。

量子密码的发展,也带动了量子纠缠的研究。量子密码和量子纠缠是密不可分的,量子密码制备和测量协议与基于纠缠的协议(或称密钥提取协议),安全性证明是等价的[8]。因此,量子密码与量子纠缠,二者相互促进,共同发展,不断揭示新的物理现象和物理规律。1997 年，Dik Bouwmeester 实验实现了基于光子量子比特的量子隐形传态（Quantum Teleportation）[9]，使得 Charles Bennett 在 1993 年提出的该概念变成了现实[10]。随后，基于各种物理载体的量子隐形传态相继被实验实现，关于此领域的详细介绍可参考综述性文献[11,12]。这其中就包括纠缠态的隐形传输（Teleportation of Entanglement）[13]，或称为纠缠交换（Entanglement Swapping）[10,14]，为后来测量设备无关协议（参考第 6 章的介绍）的提出奠定了基础。近年来，远距离的量子纠缠分发或量子隐形传态，包括纠缠交换[15]，在自由空间中都得到了实验演示或验证，其中就包括远距离量子密码协议的应用实现[16,17]，大大促进了远距离量子密码的发展。因此，纠缠的研究和发展必将会使量子密码或量子通信发展更加成熟，应用更加广泛。

量子密码的发展也同时促进了 Bell 不等式[18]的实验验证。Bell 不等式的实验验证是为了证明量子力学的正确性。这种正确性是指量子力学所预测的结果不能用局域实在论进行解释。因此，利用 Bell 不等式有可能从实验上来解决 EPR 佯谬问题[19]。但遗憾的是，直到今天，真正的无漏洞的 Bell 不等式的实验验证仍然没能实现（但已取得实质性进展[20]，详细细节可参考综述性文献[21]）。因此，这激励着科学家不断挑战极限，持续研究，寻找突破。特别是，Bell 不等式的背离预示着非局域相关性的存在，或者说量子纠缠的存在，而这又可以应用于量子密码，即后来提出的全设备无关量子密钥分发协议（见后续章节相关介绍）。量子密码关于 Bell 不等式的理论研究又迫使其实验验证不断向前迈进，二者共同发展，相互促进。量子密码为 Bell 不等式的研究提供了应用平台，而后者又大大丰富了量子密码的内容和思想，特别是 Bell 不等式的背离还应用到了随机数的产生等更加广泛的领域。

随机数是量子密码不可或缺的组成部分，量子密码的实现涉及真随机数的使用，因此这又极大地促进了量子随机数的研究。量子随机数产生于量子真随机过程，该随机过程无法用经典力学进行解释和确定，因此具备自然随机性或真随机性。但量子随机过程总是与经典随机过程相混合，或量子随机性总是存在经典噪声，怎样从这种混合随机过程中提取出真正的量子真随机数，成为该领域研究的主要内容。然而，量子密码的不断发展，促使了更多种类的量子随机过程的发现及各类新思想的类比应用。例如，量子密钥分发中的设备无关思想应用于可验证的随机数产生[22]。利用 Bell 不等式的背离可以验证随机数的量子真随机性，并可去除设备可信假设条件。因此，量子密码促进了量子随机数的研究，量子随机数的深入发展也为量子密码提供了足够的安全保障。

量子密码的快速发展，也迫使量子计算领域快速发展。1994 年，美国 AT&T 公司的研究员 Peter Shor 提出大数质因子分解量子算法[23,24]，摧毁了经典密码的安全性基础——经典算法的计算复杂度,从此量子密码引起了各界广泛的关注和深入研究。时至今日,量子密码率先进入商用化、实用化阶段,而量子计算机的成型和广泛使用仍尚需时日。虽然 D - wave 公司制造的 D - wave 计算机[25]仍引领该领域不断向前发展,但真正的通用量子计算机的诞生还需要技术的进步、科学的发展。在这种情况下,量子密码的发展不断刺激并带动着量子计算领域进行突破和创新,量子密码的研究也为量子计算[26,27]注入了活力,不断使量子信息领域朝着高、精、尖方向深入发展。另外,同时掌握量子密码和量子计算机技术对大国信息安全体系来说也显得尤为重要,二者犹如矛和盾的关系,两者结合起来才能在未来信息争夺中占居有利位置。

量子密码作为量子信息科学最重要的一个分支,其研究极大地促进了量子技术的发展。量子信息资源的制备和量子态的操控技术构成了量子技术的主体框架。量子技术的发展使得量子光学、集成光子学[28]等都有了长足的进步和发展。量子芯片、微纳波导等新型的片上系统及其片上操作[29],使得量子密码应用更加广泛。通信设备的集成化、小型化使得两地通信更加方便、快捷,量子密码也将会很快应用到星地通信、全球网络。可以预见,在未来信息全覆盖的地球村,量子网络将会使通信变得更加安全、可靠。

量子技术的进步将毫无疑问地促进量子信息的发展,而量子信息的进一步深入研究也将会加深人们对量子力学的认识和理解,促使人们从信息论的角度来重新认识量子力学,甚至重构量子力学,使得量子力学有可能建立在人们可以普遍接受的、直观的物理基础之上,而不是一系列数学公理之上。例如,Christopher A. Fuchs 和 Gilles Brassard 提出自然界允许密钥分发而禁止比特承诺的原理可以导出量子力学[30,31],但该结论还不够完善,很快被反例推翻[32,33]。然而,这足够启示人们,量子力学的深刻理解离不开信息学的深入发展,二者相辅相成,相互促进,极有可能催生出新的物理现象,发现新的物理规律,产生新的物理认识和理解,有待我们去进一步探索和挖掘。

1.1 量子密码研究背景

量子密码的核心是量子密钥分发(Quantum Key Distribution,QKD),通常量子密码也称为量子密钥分发,但实际上量子密码的概念更加广泛,包含所有可能与秘密性有关的工作。然而本书所研究的量子密码范畴仅局限于量子密钥分发,因此在后续章节的叙述中,若非特别说明,二者指代同一个意思。下面我们就量子密码的发展历程来简要介绍本书工作的研究背景和研究现状,以此指明本书工作的研究动机和研究目标。

量子密钥分发允许远距离的通信双方,通常称为 Alice 和 Bob,建立一串无条件安全的密钥。这里的无条件安全(Unconditional Security)是指,安全性的证明不需要对窃听者(Eve)的计算资源和计算能力,以及作用在信号上的操控技术强加任何限制。因此,无条件安全的概念不同于通常所说的绝对安全,严格来说,绝对安全是不存在的。实际上,任何密码机制的产生都需要建立在一些预先假设的条件基础之上的。量子密码的建立同样需要一些假设性条件或强制性要求[34],比如:

(1)通信双方的物理空间是安全的。即窃听者不能够侵入他们的实验室或设备直接获取产生的密钥或测量背景的选择等其他有用的信息,且通信双方的实验室或设备没有多余的信息经侧信道(Side Channel,又称旁路信道)或后门泄漏出去。

(2)通信双方所使用的随机数发生器是可信的。即量子态的发送选择和测量选择等是真正随机的,且不被窃听者所知道。因此,QKD 实验所使用的随机数发生器一般是量子真随机数发生器,以保证其可信度。

(3)通信双方的 QKD 设备是可信的。即双方的量子态制备设备和测量设备几乎处在完美的控制之下,双方完全清楚相关性的建立过程,包括希尔伯特空间的维度等。

(4)通信双方的存储器、计算机等经典设备是可信的。即保证量子设备所产生的经典数据的存储和处理是安全的。

(5)通信双方拥有可靠的不可篡改的公共经典信道。即保证双方的经典交互信息可以无误地传输而不被任意篡改。

(6)量子物理理论是正确的。通信双方和窃听者都服从量子力学法则。

这些假设性条件主要是针对合法通信双方的,而不是针对窃听者的窃听能力,所以与先前所提到的无条件安全并不矛盾。一般来说,大多数 QKD 协议所申明的无条件安全几乎都要建立在以上假设条件基础之上,只有少部分 QKD 协议可以放宽或不需要其中的某些限制性要求,例如,全设备无关协议(Fully Device – Independent QKD)[35-44]可以去除第 3 条要求。因此,如果没有上述条件或要求预先成立,合法通信双方将不可能建立无条件安全的密钥,任一条件的失败都将会损害密码的安全性,密码的建立也将无从谈起(DIQKD 协议第 3 条除外,有些安全性证明第 6 条也可以去除[37,42],如基于无信号传输原理,No – Signaling Principle,其安全性证明并不要求量子力学是正确的)。

QKD 的安全性研究正是基于上述条件来分析窃听者的窃听行为对量子信号传输的影响,从而准确界定窃听者所窃取的粗密钥(Raw Key)信息。因为,量子密码的建立需要远距离通信双方通过量子信道交换量子信号,而量子信道却不可避免地处在 Eve 的控制之下,因此量子信号可以被 Eve 窃听或干扰。这与经典密码分发中经典信道能够被 Eve 窃听或篡改是一致的。但有所不同的是,Eve 对量子信道的窃听会改变量子信号的状态并对其产生扰动,而从量子信道所观测出的扰动可以准确计算出 Eve 所获取的信息量。经典信道却不存在这样的特性,这也是量子密码能够实现无条件安全并因此备受关注的主要原因。早期的 QKD 安全性研究所关注的重点也正是针对不同的协议怎样准确界定或计算 Eve 所窃取的信息量。但直到今天,QKD 的无条件安全性也仅局限于几个成熟的 QKD 协议完成了证明,如 BB84 协议、连续变量相干态高斯调制协议、测量设备无关协议及全设备无关协议等。这些协议的安全性证明针对的都是最一般的窃听行为,即相干攻击下的安全性,或通过对称化处理操作约化成集体攻击下的安全性。然而,幸运的是,实践证明这些具体的协议也是实际实验中最容易实现且应用也最广泛的一类协议,有的甚至都推出了商用系统,建立起了量子网络。

理论的发展也相应地推动了实验的进步,实验的开展也进一步深化了理论的研究,二者不断相互促进,走向成熟。然而,在 QKD 实验实施过程中或在 QKD 系统的搭建过程中,人们发现实际系统总是存在一些诸如器件缺陷等非完美性,这些非完美性有时会带来一些严重的安全性漏洞(通常称为侧信道)。利用这些漏洞,窃听者可以窃取部分密钥甚至全部而不被合法通信方发现,从而破坏 QKD 的安全性。也就是说,尽管 QKD 理论上被证明是安全的,但在实验实施过程中其安全性可能会被大打折扣,甚至遭到破坏。因此,QKD 实际系统的攻击与防御研究也被广泛开展起来[45,46],十分活跃,备受关注。

这其中,影响较大、意义深远的要属光子数分流攻击(Photon – Number – Splitting Attack)[47,48]与探测器致盲攻击(Detector – Blinding Attack)[49]。光子数分流攻击针对发送方光源缺陷(非完美单光子源,一般用衰减激光或弱相干脉冲代替),窃听者分离出编码在同一量子态上的多光子脉冲中的多余光子进行测量,从而获取编码在多光子脉冲上的全部信息而不被发现。由于完美的单光子源很难实现,该攻击在一定程度上影响了 QKD 实验实现的安全性。幸运的是,该漏洞后来被诱骗态(Decoy State)方案[50,51]完美地解决,且性能可与完美的单光子源相媲美。探测器致盲攻击针对单光子探测器的工作原理对其致盲,即窃听者向其发送强光使其工作在线性模式,从而探测器只能探测到强光脉冲而不能感应到单光子脉冲。这样,窃听者可以通过发送附加的强光来有效地控制探测器的响应,从而获取全部密钥。由于该攻击针对商用系统成功地实施了攻击,因而受到了业界的广泛关注,实际系统的非完美性也得到了大家的高度重视,越来越多的攻击方式和非完美性分析也相继被提出,表1.1 列举了目前较受关注的针对商用或研究等实际系统的各种量子黑客攻击方式。

表 1.1　实际系统的量子黑客攻击[52]。针对商用或研究等实际
系统的各种量子黑客攻击测试或理论分析

黑客攻击	攻击目标	测试系统
时序平移（Time shift）	探测器	商用系统
时序信息（Time information）	探测器	研究系统
探测器控制（Detector control）	探测器	商用系统
探测器控制（Detector control）[53]	探测器	研究系统
探测器死时间（Detector dead time）	探测器	研究系统
探测器饱和（Detector saturation）[54]	探测器	研究系统
信道校准（Channel calibration）	探测器	商用系统
相位重映射（Phase remapping）	相位调制器	商用系统
频移（Frequency shift）[55]	强度调制器	理论
法拉第镜（Faraday mirror）[56]	法拉第镜	理论
波长（Wavelength）[57-60]	分束器	理论
相位信息（Phase information）	光源	研究系统
设备校准（Device calibration）[58, 61, 62]	本底光	研究系统①
① 文献[58, 61]仅局限于理论分析		

在研究攻击与防御的过程中，人们渐渐发现这些攻击之所以能够成功，大多是因为 QKD 的实施过程违背了前文所提到的量子密码预先假设条件，包括主动的和被动的违背。如实际系统中器件的缺陷有可能导致第 1 条和第 3 条要求得不到满足。实际上这两点要求在一般的 QKD 协议的实施过程中也是很难得到保证的。有些协议的理论模型甚至不得不因此进行修改，从而将器件非完美性等其他已知漏洞纳入到模型的描述中，或者对实际系统打上补丁、采取防御措施来保证安全性。攻击与防御的研究还促使新的 QKD 协议被提出，这些新的协议大多规避了一些严重的安全性漏洞，例如测量设备无关协议去除了探测漏洞等，从而使协议的物理实现过程变得更加安全。

然而，量子黑客攻击的研究或实际系统的安全性研究，不应该引起人们的过度紧张，更不应该产生某些诸如"量子密码也不安全，所以没有研究的必要"等悲观性言论。因为，当前量子密码的实现仍然处在"斗争—测试"阶段，最初所出现的商用系统，存在的安全性缺陷也在这个斗争—测试过程中逐步得到发现并进行补救。因此，现在的 QKD 系统的安全性也变得越来越强，结合经典数据的加解密过程，QKD 将会使整个密码系统最终的安全性得到本质的增强，而且这种安全性是永久的。因为，通过 QKD 建立的密钥，相比于基于计算复杂度的

经典密钥分发,不会因将来量子计算机的诞生而使当前所存储的安全通信在未来得到破译。

1.2 连续变量量子密码研究现状

当前,量子密码的研究已经处于理论相对成熟、工程上积极推广应用的阶段。QKD 协议安全性得到严格的数学证明是量子密码取得巨大成就的主要标志之一。目前,远距离稳定的 QKD 已经在光纤和自由空间中分别得到了实现,商用系统也有了市场销售,QKD 网络的现场测试演示也在积极开展和部署。简言之,目前 QKD 已经发展得相对足够成熟,可以推广到现实生活,满足人们的日常需求和应用。

那么,研究人员现在都在做些什么呢? 正如前文背景所介绍,目前,一部分人致力于缩小理论和实际的差距,以真正确保 QKD 实际实施的无条件安全性。一部分人在发展高速 QKD 系统,并极力实现强经典信号与弱量子信号在同一根光纤传输的复用技术,换言之,即挑战和攻克该领域的技术极限和技术瓶颈。另一部分人在研究可信和非可信中继节点 QKD 网络的实现和部署,包括星地通信的实现,即拓展 QKD 的覆盖范围。本书所研究的内容正是 QKD 实验实现的现实安全性,特别是连续变量量子密码实际系统的安全性,以缩小理论与实际的差距。下面就该领域的研究现状进行简要介绍,给出本书的研究动机和研究目标。

连续变量(Continuous Variable,CV)QKD,是基于高斯态调制编码与高斯测量或译码(如零拍测量和差分测量)的量子技术,信息编码在光场的两正交分量上。其无条件安全由连续变量系统两正交分量满足不确定性关系所保证,即基于 Heisenberg 不确定性原理。早期 CV QKD 协议基于高斯态离散调制而提出[63-65],类似于 BB84 协议,并没有展现太多连续变量的优势。随后 Cerf、Levy和 van Assche 于 2001 年提出了高斯态连续调制协议[66]。该协议利用压缩态进行安全编码,并很快被相干态编码取代。2002 年,Grosshans 和 Grangier 提出了第一个基于相干态高斯调制与零拍测量的 CVQKD 协议,此后被称为 GG02 协议[67],并于 2003 年由 Grosshans、van Assche 等人进行了实验演示[68]。该协议充分展现了连续变量码率高、测量设备简单、易于集成当前标准的电信器件等优势,并很快得到了广泛的应用和推广。随后,基于差分测量(Heterodyne Detection)的无开关协议被提出[69,70],并进行了实验演示[71]。该协议中的零拍探测由差分探测所取代,使得合法通信方可以同时使用两正交分量进行密钥分发。目前,相干态编码已经成为连续变量 QKD 协议实验演示的主流编码方式[72-77],并出现了商用系统。

然而,CVQKD 协议对信道衰减比较敏感,传输距离严重受限。为了实现远距离传输,即突破 3dB 衰减极限,随后两种重要的技术被广泛使用,即 2002 年 Silberhorn 等人提出的后选择技术(Post Selection Technique)[78],和 2003 年 Grosshans、van Assche 等人提出的反向协调技术(Reverse Reconciliation)[68],两者都是针对密钥分发后的经典数据而提出的经典后处理技术。此外,2008 年 Pirandola 等人提出的双路 CVQKD 协议[79],与 2009 年 Leverrier、Grangier 等人提出的离散调制协议[80]也展示了在传输距离上进一步拓展的可能性。近来,Weedbrook 等人将 CVQKD 由光频段理论上拓展到红外频段,甚至可以延伸到微波频段,为噪声可容忍的短距离 QKD 通信提供了潜在的可实现平台[81,82]。关于 CVQKD 的安全性证明,2001 年,Gottesman 和 Preskill 基于离散变量量子纠错码,首先证明了一类压缩态离散调制协议,并给出协议安全性条件:压缩度超过 2.51dB[83]。随后,2004 年 Grosshans 和 Cerf 证明了 CVQKD 个体攻击下的安全性,2006 年集体高斯攻击下的安全性也得到了证明[84,85]。这样,根据 2009 年 Renner 和 Cirac 给出的将相干攻击约化为集体攻击的无条件安全性证明方法[86],大多数 CVQKD 协议都可以在更简单的集体高斯攻击下进行安全性分析,2008 年 Pirandola 等人对此又给出了一个更完备的描述[87]。2010 年 Leverrier 等人还证明了对称相空间下高斯攻击的最优性[88],接着,他们还分析了 CVQKD 协议有限密钥长度效应[89],评估了当合法通信方交换有限数目量子系统时协议的安全性。在这种交换有限系统情况下,Leverrier 在 2013 年,基于多数 CVQKD 协议在相空间中的对称性特征,应用后选择技术(由 Christandl、Koenig 和 Renner 在 2009 年引入[90],不同于数据后处理中的后选择技术)证明了有限尺度下 CVQKD 针对任意攻击下的无条件安全性[91],并最终在 2015 年完成了 GG02 协议的组合安全性证明[92]。

尽管理论上 CVQKD 协议是无条件安全的,然而,在实际系统中由于存在像噪声或损耗等非完美性因素,协议的无条件安全仍会受到一定影响。正如前文所说,在单光子 QKD 中,像光子分束攻击[47,48]、被动法拉第镜攻击[56]、相位随机化攻击[93,94]等攻击方式得到了广泛而深入的研究,但在 CVQKD 中实际量子系统的安全性研究却才开始起步。这是因为连续变量系统是单向系统,相对于双向系统所需器件更少,攻击目标和攻击手段相对较少。而且,窃听者对 CVQKD 系统的大多数干预都可以通过经典后处理的参数估计步骤被探测出来。目前,CVQKD 协议实际系统安全性分析研究,主要是从对实际系统各器件非完美性的分析入手,如信号发送端由调制器引入的非完美性对实际系统的影响[95-98],接收端实际分束器分束比依赖于波长等非完美性对信号测量的影响[59,60,99],来提高 CVQKD 实际系统的可行性与密钥分发的有效性,并进行一定的安全性分析。

8

其发展趋势将会是针对实际系统的安全性漏洞提出量子黑客攻击方案和防御措施,引发人们对 CVQKD 实际系统的安全性的深入思考,从而发展量子侦听技术及防御技术,增强 CVQKD 实际系统的安全性,为其接入量子通信网络提供安全保障。另外,通过实际系统的攻防研究,新的 CVQKD 协议也将会被发现和提出,从而促进 CVQKD 的进一步发展。本书正是顺应这种发展趋势,开展了连续变量量子密码的安全性研究。

1.3　本书内容与结构

正如前文提到,本书主要研究连续变量量子密码(Continuous – Variable Quantum Cryptography)的安全性,特别是 CVQKD 实验实施的安全性,即现实安全性。实际系统中器件的非完美性可能会存在潜在的安全性漏洞,易被窃听者利用,从而使窃听者在不被发现的情况下有可能窃取部分密钥甚至攻破整个系统。另外,实际系统运行过程中也会不可避免地产生不易被察觉的安全性漏洞,因此找出这些漏洞并采取有效的应对措施显得迫切需要。本书将按照上述两条路线具体展开,详细介绍这方面的主要研究成果。下面给出各章节的内容概述及叙述结构,方便读者弄清写作思路,把握本书主旨。

第2章主要介绍本书研究的理论基础。首先介绍什么是连续变量量子密钥分发(CVQKD),包括分发协议的分类和介绍、协议的安全性分析及其理论证明,并简要分析 CVQKD 实际系统的非完美性及现实安全性。

第3章具体分析分束器的缺陷对 CVQKD 实际系统安全性的影响。实际分束器存在分束比依赖于波长的缺陷,利用该缺陷窃听者可以结合“截取—重发”攻击对使用差分探测协议的 CVQKD 系统实施所谓的“波长攻击”。但攻击过程中分束器的端口会引入额外的散粒噪声(Shot Noise),从而可能会被合法通信方发现。本章就此具体研究了窃听者成功实施波长攻击所需要的条件,以及针对这种缺陷合法通信方所应采取的防御措施,从而保证实际系统的安全性。

第4章针对光源问题揭示并分析 CVQKD 实验实施过程中本底光强度随时间波动对实际密钥分发系统安全性的影响。该波动为窃听者窃取密钥打开了后门,窃听者通过降低本底光的强度可以模拟这种波动并隐藏攻击痕迹。数值模拟显示,如果 Bob 不监控本底光的强度且不使用本底光强度的瞬时值对其探测结果进行归一化,密钥率将会被严重高估,安全性将会被大大降低。

第5章分析实际平衡零拍探测器(Balanced Homodyne Detector, BHD)的非完美性,提出非理想 BHD 攻击方案及其防御措施。非理想 BHD 具有探测效率和电子学噪声等非完美性,在实际的探测过程中,这些非完美性依赖于本底光强度的变化,因此有可能被窃听者利用以窃取部分密钥。数值模拟显示,窃听者通过控制本底光的强度即可控制实际 BHD 的电子学噪声或信噪比,从而改变接收方探测结果,窃取部分密钥。然而,通信双方同样可以控制本底光的强度来抵御这种攻击并增强实际系统的安全性。

第 6 章提出测量设备无关(Measurement – Device – Independent, MDI)的 CVQKD 协议并从理论上证明其无条件安全性。类比于离散变量 MDI – QKD,基于连续变量纠缠交换(Entanglement Swapping)思想,提出连续变量 MDI – QKD 协议,以抵御所有针对探测器的攻击。在高斯集体攻击安全性证明框架下,本章严格证明了 CV MDI QKD 的无条件安全性。并且,基于纠缠单配性(Entanglement Monogamy),指出了独立信道纠缠克隆攻击是最优攻击,而两模相干攻击是次优攻击,据此给出了密钥率的下界。

第 7 章根据理论研究结果探索了高安全性系统的搭建,包括器件的研制和 CV MDI QKD 实验实现方案的提出。本章详细介绍了 CVQKD 协议中平衡零拍探测器的制备原理,并进行了研制和测试。另外,还分析了大功率脉冲激光源驱动电路的制备原理,并给出了电路设计方案。这些器件的研制为搭建安全性更高的 CVQKD 实际系统奠定了实验基础。

最后对全文的内容和结果进行了总结和展望,为读者开展相关工作提供借鉴和参考。

为了方便读者理清本书思路,把握本书研究动机和研究重点,结合前文内容提要,这里简要叙述本书的内容结构,如图 1.1 所示。本书围绕连续变量量子密码,研究 CVQKD 的理论安全性和实际系统的现实安全性。现实安全性从三个方面:器件缺陷、光源非完美性和探测器漏洞进行展开,分析 CVQKD 实验实施过程中非完美性对安全性的影响,并给出相应的防御措施,使得实际系统的安全性不断得到增强,进一步缩小理论和实际的差距,并促使人们对 CVQKD 的认识和理解不断得到深化。

通过研究现实安全性,结合传统 CVQKD 理论安全性分析框架,启发于离散变量 MDI – QKD 协议思想,提出连续变量 MDI – QKD 协议,并在数学上严格证明其安全性,给出密钥率公式,奠定后续理论分析和实验实现基础。接着,根据理论研究结果,探讨了高安全性 CVQKD 系统的搭建。基于实际器件如平衡零拍探测器、大功率脉冲激光源等器件的研制,为下一步实验实现 CV MDI QKD 协议打下实验基础。最后,对全书的主要内容和结果进行了总结和展望,为未来工作的开展做好铺垫。

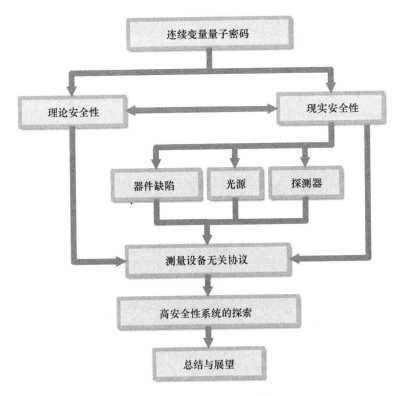

图 1 - 1　本书的内容结构

第2章 连续变量量子密钥分发

本章主要介绍连续变量量子密钥分发(CVQKD)的基本理论,包括协议的分类和安全性证明,并从器件、光源和探测器三个方面简要探讨实际系统的安全性,为后续章节的展开做好铺垫。理论分析部分可以参考前期研究学者的博士论文[100-103],这些论文关于连续变量系统及密钥分发的基本概念和基本原理都有较为详细的论述,这里只对后续章节要用到的协议安全性证明方法进行简要的介绍和描述。

2.1 协议分类和介绍

CVQKD 协议自 1999 年由 Ralpha 提出以来[63],经过改进和创新,目前衍生发展出了多种协议,在绪论中也有简要的介绍。下面按提出的时间顺序,逐一简要回顾如下。

1999 年,Ralpha 首次提出光场的两正交分量可以用来实现类似于 BB84 的 QKD 协议[63],即信息随机编码在两非对易的可观测量正交振幅和正交相位上,可以检测出 Eve 的窃听行为。该协议将 BB84 协议思想由离散变量类推到连续变量,或者说由单光子编码推广到多光子光学模式编码,从而其探测方式可以用经典通信所常用的平衡零拍探测代替,其设备更易和现有的经典通信设备兼容。在该连续变量协议中,信息被编码在相干态上,随后的改进方案提出信息还可以编码在压缩态上[64,66,83]。至此,以光源进行分类,CVQKD 协议可以分为相干态协议和压缩态协议。

2002 年,Grosshans 等人提出了新的相干态协议[67],该协议不再是类似于 BB84 的二元离散编码,而是高斯调制的连续编码。此后,该协议得到了广泛的研究,并逐渐成为连续变量最基本的协议,后被称为 GG02 协议。在 GG02 协议中,信息被连续地编码在光场的两正交分量上,从而充分发挥了连续变量系统的优势,即大容量编码和传输信息。相对于 BB84 的二元编码,大大提高了密钥率。然而,该协议在最初的研究中受限于信道损耗,即所谓的 3dB 极限,传输距离不超过 15km。随后,Silberhorn 等人提出了后选择数据处理技术(Postselection

Process)[78],可以突破 3dB 极限,但该方法的安全性一直没能得到严格的数学证明,直到近年来,才有人证明了特殊的后选择技术高斯后选择的安全性[104,105]。

2003 年,Grosshans 等人又提出了反相协调数据处理技术,并对 CVQKD 反向协调协议进行了自由空间中的实验验证[68]。该协议的应用范围理论上不再受传输距离的限制,从而,GG02 协议的基本雏形得以形成,后来所进行的广泛而深入的研究,包括理论和实验,均以此为基础对协议的安全性证明不断进行完善,并拓展其实际传输距离[77,106]。

2004 年,Weedbrook 等人针对 GG02 协议探测端随机选择正交分量进行测量,提出了差分探测协议[69],即将接收信号通过分束器一分为二,同时分别测量两共轭正交分量。该方法是对 GG02 协议重要的补充,不仅简化了实验难度,还略微增加了密钥率,但由于分束时不可避免地引进了真空噪声,降低了信号的信噪比,增加了数据纠错的难度。至此,连续变量高斯调制协议在 GG02 协议的基础上,针对光源、探测和数据协调方式的选择上演化出了 8 种协议,它们分别是相干态/压缩态、零拍探测/差分探测和正向协调/反向协调协议。其中压缩态差分探测正反向协调协议由 García – Patrón 于 2009 年提出并进行了深入的研究,结果表明该协议性能比较优越,充分利用了“以噪抗噪”(Fight Noise with Noise)的特性,即在数据协调的参考方添加噪声可以增加密钥率的思想[82,107 - 111]。2008 年,Pirandola 等人提出了连续变量双路 QKD 协议[79],该协议由探测端 Bob 提供光源,Alice 和 Bob 同时对光源的两正交分量进行高斯调制,但以 Alice 的调制数据为编码数据进行密钥分发。双路 CVQKD 协议,其安全性进行了严格的数学证明,而且相对于单向 CVQKD 协议更能容忍信道额外噪声,其缺点是实现比较困难,至本书定稿时还没有相关实验报道。

2009 年,Leverrier 提出了离散调制四态协议[80],利用高斯调制协议的安全性证明框架证明了其安全性。CVQKD 离散调制协议自从 1999 年由 Ralpha 提出以来,后经 Namiki 等人进行了深入的研究[112 - 118],但都未能引起人们的广泛关注。这是由于,一方面其安全性证明不够完善,另一方面相对于高斯调制协议,其密钥率太低,比起 BB84 类的协议没有什么太多优势。然而,Leverrier 提出的离散调制四态协议结合新的数据纠错方法可以实现长距离的通信,因此在一段时间内受到了人们的广泛关注。

2013 年,连续变量测量设备无关(CV MDI)QKD 协议分别由三个小组独立提出[119 - 121],其中 Pirandola 小组进行了深入的安全性证明并给出了原理性实验验证,其工作发表在 Nature Photonics 杂志上[122]。该协议去除了针对探测端的侧信道攻击,相对于离散变量 MDIQKD 协议,具有较高的密钥率。但该协议的实验实现比较困难,至本书定稿时还没有真正的测量设备无关实验报道。

2.2 协议安全性及其理论证明

前节介绍了 CVQKD 各种协议及其简单分类,其中高斯调制协议是该领域研究最多、最深入的协议,特别是 GG02 协议及其演化的 8 种协议是最基本的协议,在一定时期内代表了该领域的主流研究方向。GG02 类 8 种协议的安全性也在最近几年得到了严格的数学证明,包括渐近条件下(即无限密钥长)和有限密钥长下的安全性,这些证明过程可以参考查阅相关文献[92]。后面章节将要介绍的连续变量 MDI – QKD 协议的安全性也是在此基础上进行证明的。因此,本节针对 GG02 协议的安全性证明进行简单的介绍和回顾,方便读者易于阅读后面章节内容。

2.2.1 基本概念和术语

CVQKD 领域所用到的基本概念和术语主要来源于量子光学、数学和信息论,特别是连续变量系统的研究中经常用到的一些专门知识和术语都可以直接应用在 CVQKD 上,关于这方面的介绍可以参考教材或文献等相关资料[11,123 – 126],下面对一些必要的概念进行简单介绍。

2.2.1.1 相空间中态的表示

连续变量系统处在无穷维的希尔伯特空间,其变量具有连续的本征值谱。典型的连续变量系统可以由 N 个玻色子模式进行描述,对应着量子化电磁场的 N 个模式,即量子谐振子。在 CVQKD 中,主要研究光场连续变量系统,光场进行量子化后其电磁场强度可以写成产生、湮灭算子的形式,这些算子非对易,满足不确定关系。以一个光场模式为例,记产生、湮灭算子为 $\hat{a}^+$、$\hat{a}$,

$$[\hat{a},\hat{a}] = [\hat{a}^+,\hat{a}^+] = 0, \quad [\hat{a},\hat{a}^+] = 1 \tag{2.1}$$

这些算子可以组成数态算子 $\hat{n}: = \hat{a}^+\hat{a}$,其本征态 $|n\rangle$ 即为 Fock 态或数态,构成可数的无穷维的数态希尔伯特空间 $\boldsymbol{H}$。另外,这些场算子还可以组合成正交分量算子,即

$$\hat{q}: = \hat{a} + \hat{a}^+, \quad \hat{p}: = -i(\hat{a} - \hat{a}^+) \tag{2.2}$$

这些正交分量算子可以看成是产生、湮灭算子的笛卡儿坐标表示,也可以用来描述连续变量系统,表示系统的无量纲的正则变量,与量子谐振子的位置和动量算子类似,满足正则对易关系(取自然单位):

$$[\hat{q},\hat{q}] = [\hat{p},\hat{p}] = 0, \quad [\hat{q},\hat{p}] = 2i \tag{2.3}$$

当然,式(2.2)还可以写成其他线性表达形式,相应地式(2.3)也会有不同

14

的非对易常数项。正交分量算子的本征值为连续的变量,由这些连续的变量所构成的实辛空间称为相空间,相空间中定义的关于正交分量的准概率分布函数Wigner 函数,对应希尔伯特空间中的密度算子$\hat{\rho}$,二者可以等价地描述连续变量系统所处的态。

CVQKD 中所涉及的量子态一般都用相空间中的统计矩进行表征,基本上所有关于密钥率的计算都针对这些统计矩进行。对于一个高斯态,其 Wigner 函数是一个关于正交分量的高斯函数,可以完全由正交分量的一阶矩和二阶矩进行描述。记 N 模光场的正交分量矢量为$\hat{\boldsymbol{x}} := (\hat{q}_1, \hat{p}_1, \cdots, \hat{q}_N, \hat{p}_N)^{\mathrm{T}}$,则一阶矩又称作平移矢量,或正交分量均值,即

$$\bar{\boldsymbol{x}} := \langle \hat{\boldsymbol{x}} \rangle = \mathrm{Tr}(\hat{\rho}\hat{\boldsymbol{x}}) \tag{2.4}$$

二阶矩称为协方差矩阵(Covariance Matrix,CM)$\boldsymbol{V}$,其矩阵元可写为

$$\boldsymbol{V}_{ij} := \frac{1}{2}\langle \{ \Delta\hat{x}_i, \Delta\hat{x}_j \} \rangle \tag{2.5}$$

其中 $\Delta\hat{x}_i := \hat{x}_i - \langle \hat{x}_i \rangle$,符号 $\{,\}$ 表示算子的反对易关系。特别是,协方差矩阵的对角元表示正交分量算子的方差,即

$$\boldsymbol{V}_{ii} := \boldsymbol{V}(\hat{x}_i) = \langle (\Delta\hat{x}_i)^2 \rangle = \langle \hat{x}_i^2 \rangle - \langle \hat{x}_i \rangle^2 \tag{2.6}$$

由于正交分量算子是非对易算子,故其方差满足 Heisenberg 不确定关系,

$$V(\hat{q}_i)V(\hat{p}_i) \geqslant 1 \tag{2.7}$$

CVQKD 中一般所研究的态大多为高斯态,其希尔伯特空间中的密度算子表示和相空间中的 Wigner 函数表示或统计矩表示是等价的。例如,最典型的高斯态相干态$|\alpha\rangle$,即湮灭算子的本征态($\hat{a}|\alpha\rangle = \alpha|\alpha\rangle$),本征值为 α。在数态空间中,可写为

$$|\alpha\rangle = \mathrm{e}^{-|\alpha|^2/2} \sum_{n=0}^{\infty} \frac{\alpha^n}{\sqrt{n!}} |n\rangle \tag{2.8}$$

密度算子为$\hat{\rho} = |\alpha\rangle\langle\alpha|$,而在相空间中,其一阶矩为$(2\mathrm{Re}[\alpha], 2\mathrm{Im}[\alpha])$,$\mathrm{Re}[\cdot]$、$\mathrm{Im}[\cdot]$ 分别表示复数的实、虚部。二阶矩即协方差矩阵为单位矩阵

$$\boldsymbol{V} = \begin{pmatrix} 1 & 0 \\ 0 & 1 \end{pmatrix} \tag{2.9}$$

另一个常用的高斯态为双模压缩真空态(Two – mode Squeezed Vacuum State),也称为 Einstein – Podolski – Rosen(EPR)纠缠态[19]。希尔伯特空间表示为

$$|r\rangle_{\mathrm{EPR}} = \sqrt{1 - \tanh^2 r} \sum_{n=0}^{\infty} (-\tanh r)^n |n\rangle_{\mathrm{A}} |n\rangle_{\mathrm{B}} \tag{2.10}$$

式中：r 为压缩参数。相空间中可以由一阶矩和二阶矩完全确定，一阶矩为零，二阶矩即为协方差矩阵：

$$V = \begin{pmatrix} \cosh 2r\ \boldsymbol{I} & \sinh 2r\boldsymbol{\sigma}_z \\ \sinh 2r\boldsymbol{\sigma}_z & \cosh 2r\ \boldsymbol{I} \end{pmatrix} := \begin{pmatrix} v\ \boldsymbol{I} & \sqrt{v^2-1}\,\boldsymbol{\sigma}_z \\ \sqrt{v^2-1}\,\boldsymbol{\sigma}_z & v\ \boldsymbol{I} \end{pmatrix} \quad (2.11)$$

式中：$\boldsymbol{I}$，$\boldsymbol{\sigma}_z$ 分别为单位矩阵和 Pauli 矩阵。其中 $v = \cosh 2r$ 量化了每个模式的正交分量方差，r 越大，两模式的纠缠相关性越高。令 $\hat{q}_- := (\hat{q}_A - \hat{q}_B)/\sqrt{2}$，$\hat{p}_+ := (\hat{p}_A + \hat{p}_B)/\sqrt{2}$，则由式 (2.11) 易知

$$V(\hat{q}_-) = V(\hat{p}_+) = \mathrm{e}^{-2r} \quad (2.12)$$

当 $r \to \infty$ 时，方差 $V(\hat{q}_-) = V(\hat{p}_+) \to 0$，则 $\hat{q}_A = \hat{q}_B$，$\hat{p}_A = -\hat{p}_B$，模式 A 和 B 达到完美的相关性或处在最大的纠缠态。

2.2.1.2 高斯操作和辛变换

量子操作一般是迹减的全正线性映射，即，若 $\varepsilon : \hat{\rho} \to \varepsilon(\hat{\rho})$，则 $0 \leqslant \mathrm{T_r}[\varepsilon(\hat{\rho})] \leqslant 1$。如果是保迹的全正线性映射，则称为量子信道[125]，即 $\mathrm{T_r}[\varepsilon(\hat{\rho})] = 1$，么正变换就是一种最简单的量子信道。对于一个量子操作，如果能将高斯态变换成高斯态，则称该操作为高斯操作。若量子信道是高斯的，当传输高斯态时，则将保持高斯态的高斯特性。若么正变换是高斯的，则高斯么正变换可以写成二阶多项式 Hamiltonian 量 $\hat{H}$ 的指数形式 $U = \exp(-i\hat{H}/2)$，且在相空间中对应如下映射：

$$(S, d) : \hat{x} \to S\hat{x} + d \quad (2.13)$$

其中 $d \in R^{2N}$，S 是一个 $2N \times 2N$ 辛矩阵（Symplectic Matrix），满足

$$S\boldsymbol{\Omega}S^{\mathrm{T}} = \boldsymbol{\Omega} \quad (2.14)$$

式中：$\boldsymbol{\Omega} := \bigoplus_{i=1}^{N} \begin{pmatrix} 0 & 1 \\ -1 & 0 \end{pmatrix}$ 为辛形式矩阵。辛映射 (S, d) 作用在正交分量算子的前两阶矩上，可得

$$\bar{x} \to S\bar{x} + d, \quad V \to SVS^{\mathrm{T}} \quad (2.15)$$

在 CVQKD 中，大多数情况下态的均值为零，辛映射 (S, d) 只有变换 S 对协方差矩阵进行作用，因此一般就将变换 S 称为辛变换。高斯操作和辛映射是等价的，因此，在 CVQKD 中，研究高斯操作对量子态的作用，一般等价为辛映射对高斯态在相空间中的二阶矩的作用，或更多情况下研究辛变换对协方差矩阵的作用。

典型的辛变换有分束器变换：

$$S_B = \begin{pmatrix} \sqrt{T}\,I\!\!I & \sqrt{1-T}\,I\!\!I \\ -\sqrt{1-T}\,I\!\!I & \sqrt{T}\,I\!\!I \end{pmatrix} \tag{2.16}$$

$T = \cos^2\theta \in [0,1]$ 为分束器的透过率，该变换对应希尔伯特空间中分束器变换算子 $B(\theta) = \exp[\theta(\hat{a}^+\hat{b} - \hat{a}\hat{b}^+)]$。另外，还有单模压缩变换

$$S_1(r) = \begin{pmatrix} e^{-r} & 0 \\ 0 & e^{r} \end{pmatrix} \tag{2.17}$$

以及双模压缩变换（Two-mode Squeezing Transformation）

$$S_2(r) = \begin{pmatrix} \cosh r\,I\!\!I & \sinh r\sigma_z \\ \sinh r\sigma_z & \cosh r\,I\!\!I \end{pmatrix} \tag{2.18}$$

r 即为前文所提到的压缩参数，它们分别对应单模压缩算子 $S_1(r) = \exp[r(\hat{a}^2 - \hat{a}^{+2})/2]$，以及双模压缩算子 $S_2(r) = \exp[r(\hat{a}\hat{b} - \hat{a}^+\hat{b}^+)/2]$。相空间中的相位旋转变换可写为

$$R(\theta) = \begin{pmatrix} \cos\theta & \sin\theta \\ -\sin\theta & \cos\theta \end{pmatrix} \tag{2.19}$$

其希尔伯特空间中的算子形式为 $R(\theta) = \exp(-i\theta\,\hat{a}^+\hat{a})$。

2.2.2　理论安全性证明

本节针对高斯调制 CVQKD 协议的安全性，进行简要的介绍和回顾，详细内容可参考文献[100,101]。在高斯调制方案中，如图 2.1(a)所示，Alice 使用幅度调制器（Amplitude Modulator, AM）和相位调制器（Phase Modulator, PM）随机调制激光器（Laser Diode, LD）发出的相干光，使每个脉冲处在相干态 (q_s, p_s)，且 q_s、p_s 分别服从均值为零，方差为 V 的高斯分布。接收端 Bob 使用平衡零拍探测器（Balanced Homodyne Detector, BHD）随机选择某一正交分量 q 或 p 进行测量，或者将接收脉冲用平衡分束器一分为二同时测量 q 和 p 分量。这样，经过上述步骤，收集足够多的数据之后，Alice 和 Bob 随机公布部分数据进行参数估计，从而估算出手中剩余数据的密钥率。然后，借助经典数据后处理方法，如数据纠错（Error Correction）和保密放大（Privacy Amplification），Alice 和 Bob 便可建立一串无条件安全的随机数密钥。该方案一般被称为制备和测量实验方案[Prepare-and-measure（PM）Implementation]，描述比较简单，但该方案不便于进行安全性分析，一般采用与其安全性等价的基于纠缠的方案[Entanglementbased（EB）Scheme］进行安全性证明。

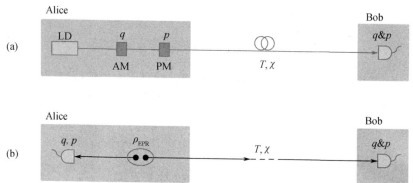

图 2.1 CVQKD 制备测量方案与纠缠等价方案
（a）制备测量实验（Prepare – and – measure Implementation）；
（b）基于纠缠的等价方案（Entanglement – based Scheme）。

在纠缠等价方案中,如图 2.1(b)所示,发送端 Alice 产生相干态的过程由如下方式实现:Alice 差分测量 EPR 纠缠态的一个模式,得到两正交分量 q 和 p,然后将 EPR 的另一个模式发送给 Bob。因为两模式是纠缠的,这样,Bob 接收到的模式便处在相干态上。在 Bob 端看来,Alice 发送的态在 PM 方案和 EB 方案中没有任何区别,因此两方案在安全性证明上是等价的。在 CVQKD 中,针对信道,理论上 Eve 的攻击方式有三种:个体攻击(Individual Attack)、集体攻击(Collective Attack)和相干攻击(Coherent Attack)。三种攻击方式的区别在于窃听者 Eve 对 Alice 发送信号的截取方式和测量方式不同。个体攻击下 Eve 对 Alice 发送的每个信号进行独立的相同的操作,然后对窃取的各个信号进行单独测量,获取信息。集体攻击下 Eve 对信号的操作与个体攻击下相同,不同之处是窃取的信号被存储在存储器上,然后 Eve 在 Alice 和 Bob 做数据后处理交互信息时对这些信号进行集体的测量来获取信息。相干攻击与集体攻击的区别在于截取信号时,Eve 对 Alice 发送的信号进行联合操作,然后将截取信号存储起来以备集体测量。显然,相干攻击是最强的攻击,但理论证明,在渐近条件下或密钥无穷长时,该攻击比起集体攻击并不会给 Eve 带来更多的优势。因此,集体攻击下计算的密钥率在渐近条件下即是无条件安全的。最近,Leverrier 又证明了,在有限密钥长度下,Alice 和 Bob 通过对信号进行对称化操作,相干攻击下的安全性可以等效为集体攻击下的安全性。因此,CVQKD 的无条件安全性便可在更易处理的集体攻击下进行分析。下面简单回顾高斯调制相干态零拍探测协议在集体攻击下的安全性。

正如前文所述,CVQKD 协议有两种数据处理方式可以提取密钥,正向协调

18

和反向协调。正向协调下,Alice 的编码数据为密钥参考,Bob 利用手中的数据对其进行猜测。Bob 借助 Alice 发送的纠错信息,使其手中的数据与 Alice 的编码数据协调一致。反向协调与之相反,即以 Bob 的测量数据为密钥参考,由 Alice 来猜测该数据。Alice 借助 Bob 发送的纠错信息,使自己手中的数据与 Bob 的测量数据协调一致。下面分别计算两种数据协调下的密钥率,我们首先计算 Alice 和 Bob 之间的 Shannon 互信息,该经典信息量在正反向协调下是相等的。Alice 和 Bob 之间的协方差矩阵可写为

$$\boldsymbol{\gamma} = \begin{pmatrix} V\,\mathbb{I} & \sqrt{T(V^2-1)}\,\boldsymbol{\sigma}_z \\ \sqrt{T(V^2-1)}\,\boldsymbol{\sigma}_z & T(V+\chi)\,\mathbb{I} \end{pmatrix} \tag{2.20}$$

由该协方差矩阵易得 Bob 的正交分量方差为 $V_B = T(V+\chi)$,其中 T 为信道传输率,χ 为相对于信道输入的总的噪声。则由公式 $V_{X|Y} = V(X) - \dfrac{|\langle XY \rangle|^2}{V(Y)}^{[127]}$ 可得,Bob 的数据相对于 Alice 的编码的条件方差,即 $V_{B|A} = T(1+\chi)$。从而,由 Shannon 公式,可得 Alice 和 Bob 之间的互信息

$$I_{AB} = \frac{1}{2}\log_2 \frac{V_B}{V_{B|A}} = \frac{1}{2}\log_2 \frac{V+\chi}{1+\chi} \tag{2.21}$$

这里需要指出的是,对于高斯调制相干态差分探测协议,Alice 和 Bob 的互信息也可以类似计算得到(后面章节将会用到)

$$I_{AB} = \log_2 \frac{V_B+1}{V_{B|A}+1} = \log_2 \frac{T(V+\chi)+1}{T(1+\chi)+1} \tag{2.22}$$

由于该协议中两正交量 q 和 p 同时被测量且都用于产生密钥,因而若假设 q 和 p 是对称的,则公式前没有因子 $1/2$。

另外,由矩阵式(2.20)易得协方差矩阵所对应的 Alice 和 Bob 的态的 Von Neumann 熵[128]

$$S(AB) = G\left(\frac{\lambda_1-1}{2}\right) + G\left(\frac{\lambda_2-1}{2}\right) \tag{2.23}$$

其中 $G(x) = (x+1)\log_2(x+1) - x\log_2 x$,$\lambda_1$、$\lambda_2$ 为协方差矩阵 $\boldsymbol{\gamma}$ 的辛本征值(Symplectic Eigenvalue),且

$$\lambda_{1,2} = \sqrt{\frac{A \mp \sqrt{A^2-4B^2}}{2}} \tag{2.24}$$

式中:$A = a^2 + b^2 - 2c^2$,$B = ab - c^2$,其中符号 $a = V$,$b = T(V+\chi)$,$c = \sqrt{T(V^2-1)}$。

2.2.2.1 正向协调

正向协调时 Alice 和 Bob 之间的密钥率可由下述公式给出

$$K_{DR} = \beta I_{AB} - \chi_{AE} \tag{2.25}$$

式中:β 为 Alice 和 Bob 数据协调效率,典型值可达 $0.95^{[98]}$;χ_{AE} 为 Eve 窃取的 Holevo 信息量,可写为

$$\chi_{AE} = S(E) - S(E|A) \tag{2.26}$$

式中 $S(E) = S(AB)$,这是因为在量子力学所允许的条件下 Eve 可以纯化 Alice 和 Bob 的态,即 ρ_{ABE} 可为纯态。$S(E|A) = S(BC|A)$ 类似也可以由纯化方法求得,C 为辅助模式,这里为了叙述方便,简要给出结果,后面章节会针笑 体问题给出详细的计算过程。$S(E|A)$ 可由辛本征值 λ_3、λ_4 求得,且

$$\lambda_{3,4} = \sqrt{\frac{C \mp \sqrt{C^2 - 4D}}{2}} \tag{2.27}$$

式中:$C = \dfrac{a + bB + A}{a + 1}$,$D = \dfrac{B(b + B)}{a + 1}$。正向协调时 Eve 的 Holevo 信息量便可写为

$$\chi_{AE} = \sum_{i=1}^{2} G\left(\frac{\lambda_i - 1}{2}\right) - \sum_{j=3}^{4} G\left(\frac{\lambda_j - 1}{2}\right) \tag{2.28}$$

从而,由式(2.25)可求得正向协调时高斯调制相干态零拍探测协议的密钥率。

2.2.2.2 反向协调

反向协调时 Alice 和 Bob 之间的密钥率可写为

$$K_{RR} = \beta I_{AB} - \chi_{BE} \tag{2.29}$$

式中 χ_{BE} 为反向协调时 Eve 窃取的 Holevo 信息量,可由公式

$$\chi_{BE} = S(E) - S(E|B) \tag{2.30}$$

求得。其中 $S(E) = S(AB)$ 已由前节给出,$S(E|B) = S(A|B)$ 由纯化方法求得,即由辛本征值 $\lambda_5 = \sqrt{\dfrac{\chi V^2 + V}{V + \chi}}$ 计算可得。则 Holevo 信息量为

$$\chi_{BE} = G\left(\frac{\lambda_1 - 1}{2}\right) + G\left(\frac{\lambda_2 - 1}{2}\right) - G\left(\frac{\lambda_5 - 1}{2}\right) \tag{2.31}$$

从而,由式(2.29)可求得反向协调时协议的密钥率。

后面章节需要计算高斯调制相干态差分探测协议反向协调时的密钥率,前面已经计算了 Alice 和 Bob 的互信息,这里只需要用上述类似的方法计算 Eve 和

Bob 的 Holevo 信息量。其中 $S(E) = S(AB)$ 和前面相同, $S(E|B) = S(A|q_B, p_B)$ 可由协方差矩阵 $\gamma_A^{q_B, p_B} = \mathrm{diag}\left[a - c^2/(b+1), a - c^2/(b+1) \right]$ 求得, 即 $S(A|q_B, p_B) = G\left[(\lambda_6 - 1)/2 \right]$, $\lambda_6 = a - c^2/(b+1)$ 为该协方差矩阵的辛本征值。

2.3　系统非完美性与现实安全性

2.2 节介绍了 CVQKD 的理论安全性, 原则上, CVQKD 是无条件安全的, 特别是 GG02 协议的安全性, 目前得到了严格的数学证明。渐近条件下或无限密钥长的情况下, 该协议针对相干攻击或最一般攻击下的渐近安全性(Asymptotic Security)由文献[84–86,90,91,129]给出严格的证明。有限密钥长的情况下, 该协议针对最一般攻击下的组合安全性(Composable Security)由文献[92]完成证明。

然而, CVQKD 虽然理论上是安全的, 但实际实施并不能完全满足安全性理论证明模型的要求, 特别是前文所提到的某些假设性条件并不能得到一一验证, 这将为窃听者 Eve 攻击实际系统带来一定的安全隐患。实际上, 实际系统一般都或多或少会存在各种非完美性, 而这些非完美性可能会为实际系统引入一些可攻击的侧信道(Side Channel), 从而使窃听者利用这些安全性漏洞攻击实际系统而不被发现。这说明, 实际系统的安全性, 我们称为现实安全性(Practical Security), 不能简单地等同于 QKD 理论安全性。因此, 有必要对实际系统的这种现实安全性进行深入彻底地研究, 从而提高 QKD 实际应用的价值。下面简要介绍和描述实际系统中可能存在的非完美性及其对系统安全性的影响, 为后续章节深入描述这方面的研究做好铺垫。

2.3.1　器件缺陷

实际系统中所使用的器件并不都是完美的或理想的, 总是存在一些缺陷, 这会影响实际系统的现实安全性。例如, 实际系统中所使用的光纤耦合器或分束器, 有一定的波长范围, 其透过率的大小依赖于波长, 不同的波长对应不同的透过率, 这可能会影响实际系统的安全性。例如, 在文献[57]中提到, 窃听者可以利用分束器的分束比依赖于波长的特性, 对离散变量偏振编码系统进行成功攻击而不被发现。连续变量 QKD 系统同样要用到这样的分束器, 因此, 连续变量系统也会存在这样的安全隐患, 后面第 3 章将会对此进行具体的研究。

上述分束器的波长依赖特性与具体的制作材料有关, 因此, 选择不同的材料, 采用不同的加工工艺, 即可避免该特性。然而, 有些器件的缺陷并不总是与材料有关, 还可能与工艺有关。例如, 系统中用来补偿光纤双折射效应等非完美性的法拉第镜,无论做工多么精密,其旋转角总是与理想标称值存在一定的误差。文献[130]中提出利用该缺陷,窃听者可以攻击离散变量即插即用双向QKD系统,窃取部分密钥而不被发现。这是因为旋转角的误差会给发送方制备的量子态带来额外的自由度,从而使得窃听者可以从更高维的希尔伯特空间中区分这些量子态。因此,实际系统中所使用的法拉第镜要足够完美,缺陷应尽可能少,才能保证实际系统的安全性。或者,采用额外的补救措施,如改变实验方案等,来消除这种漏洞所带来的影响。连续变量QKD系统中同样会用到法拉第镜来补偿光纤中的双折射等效应,从而保证干涉仪的稳定性。那么,法拉第镜的旋转角缺陷是否会影响CVQKD实际系统的安全性? 这需要深入地研究,甚至还需要采取相应的补救措施。

实际QKD系统中还广泛使用强度或相位调制器来完成编码或测量,但实际调制器也是存在一定缺陷的,改变脉冲调制时序,可能会为调制的态引入额外的自由度。如文献[55]提出的波长选择攻击,改变脉冲时序,利用强度调制器在调制上下沿处调制结果不同的特性,可以为脉冲引入额外的频率自由度,从而能够区分信号态和诱骗态,达到成功攻击实际诱骗态QKD系统的目的。这为连续变量QKD系统的安全性带来一定的警示,因为CVQKD系统都不可避免地要用到强度或相位调制器来进行编码或测量,特别是零拍探测协议测量端相位调制器的非完美性可能会为实际系统的安全性带来一定的影响,因此需要仔细研究并给出安全性评估。

总之,器件的缺陷会为实际系统引入一定的非完美性,直接影响实际系统的现实安全性,因此需要进行深入彻底地研究,以此来增强实际系统的抗攻击和抗干扰能力。

2.3.2　光源非完美性

光源对实际系统的安全性影响是首要的,因为一个具有缺陷的光源将直接影响系统编码的安全性,从而为实际系统的整体安全性埋下隐患。在离散变量QKD领域,理论模型对光源的要求较高,或要求其是理想的单光子源,或要求其是相位完全随机化的弱相干光源,而这两点在QKD的实施过程中都很难得到保证或验证。因此,离散变量QKD领域对源的研究较为细致和深入,有兴趣的读者可以查阅综述性文献[34,52,131,132]等相关文献进行研究和思考。

然而,这里需要指出的是,虽然有些系统所使用的光源是没有缺陷的,但这并不意味着实际系统关于光源这一块就是安全的。文献[133]提出若窃听者向发送方光源中打入激光,即可篡改光源的某些特性,使一个相位完全随机化的相干光源变得不随机,即脉冲间的相位具有关联,从而破坏了实际系统中光源需要完全随机化的理论模型假设,因此带来了安全性问题。这说明,即使光源是理想的,也需要采取一定的措施保证光源本身的安全性,这与保证发送方所处的位置空间的安全性是一致的。

在连续变量 QKD 系统中,关于光源的研究也较为深入,可参考文献[81,82,95-97,134,135]。在这些研究中,有对源存在调制非完美性的研究,也有对源存在噪声(噪声相干态)的研究,还有对源进行保护和监控的研究。由于 CVQKD 系统是单向系统,对源的保护和监控比较容易且较为有效,因此针对源的攻击目前还未见报道,但这并不意味着在 CVQKD 系统中可以放松对源的要求。事实上,目前 CVQKD 系统大多数所使用的光源脉冲间都具有一定的相位相关性。这是由于 CVQKD 系统发送端需要制备相位参考光或本底光用来帮助接收方进行探测,从而需要大功率的脉冲激光。因此,为了简单,一般的 CVQKD 系统都用连续波激光器通过斩波的方式产生高强度脉冲。这些脉冲来源于同一束激光,因此脉冲之间彼此具有一定的相位关联。而且由于斩波用强度调制器或声光调制器具有一定的消光比,在重复频率很高的时候,这些脉冲间可能还存在相互作用。目前,虽然还没有研究指出这种关联性是否会影响 CVQKD 的安全性,但根据 CVQKD 的安全性证明模型,要求发送端信号是彼此独立的,且可以任意置换,显然这种脉冲产生方式与 CVQKD 的安全性证明模型具有一定的差距。

第 4 章我们将会深入阐述光源所产生的本底光对 CVQKD 实际系统现实安全性的影响。本底光是用来定义信号光的相位参考光,用于平衡零拍探测器的探测,因此是强度较大的经典光。在 CVQKD 安全性证明模型中,一般都假设本底光是理想的不可被篡改的经典光,然而,这在实际实验中是很难得到保证的。因为,发送端所制备的本底光和信号光同样都要经过量子信道进行传输,因此都可能会被 Eve 进行篡改和控制,从而影响实际系统的安全性。

可见,关于光源安全性的研究,也将会是 CVQKD 实际系统现实安全性考虑的一个重要方面。在现有的技术条件下,实际系统不仅要考虑光源的缺陷对现实安全性的影响,还要考虑光源本身的安全性,特别是对光源的保护和监控是确保光源不被篡改的重要举措,这对实际系统的现实安全性来说具有重大的意义。

2.3.3 探测器漏洞

探测器对一般的 QKD 系统来说,目前是最脆弱、最易被攻击的部分。针对探测器,在离散变量 QKD 领域,主动和被动攻击方式层出不穷、防不胜防。最典型的攻击方式如致盲攻击[49],窃听者向接收方打入一定强度的激光,即可使单光子探测器的工作方式由 Geiger 模式转向线性模式,从而只能对强光进行响应。这样窃听者就可以通过注入控制光,完全控制探测器的响应,窃取全部密钥而不被发现。类似地,针对探测器的攻击方式还有很多,在第 1 章的引言中我们也列举了这类攻击,感兴趣的读者可以查阅文献[52]获得更详细的介绍。

在 CVQKD 系统中,一般使用平衡零拍探测器 BHD 对信号的正交分量进行探测。但实际的 BHD 存在探测效率和电子学噪声等非完美性,特别是电子学噪声,其方差需要在密钥分发前进行精确测定,这可能会给窃听者带来攻击后门。因此,研究探测器的非完美性,找出可能的安全性漏洞,并采取有效的应对措施,可以增强实际系统的现实安全性。关于这块内容的深入研究将在第 5 章进行分析和详细介绍。

另外,BHD 由于内部构造器件的可承受能力限制,有一定的工作动态范围,超出该范围,BHD 将不能正常工作。具体来说,一般 BHD 工作在线性区域,但若所探测的正交分量值过大,则 BHD 将会饱和,对于更大的正交分量值,只能给出恒定的饱和值。文献[54]提出窃听者可以利用该漏洞对实际系统进行攻击,理论研究表明,在一定的参数范围内她可以成功实施攻击而不被发现。可见,在实际系统中,对探测器的监控和保护也是增强实际系统现实安全性的一个必不可少的步骤。

最后,我们指出,由于测量设备无关(MDI)QKD 协议[136,137]的提出,关于探测器的所有侧信道攻击都可以不用考虑,实际系统中探测部分的安全性自动得到保证。这一点将在第 6 章进行详细的叙述和介绍。然而,虽然离散变量测量设备无关 QKD 协议得到了大量的实验演示或实现[138-141],但连续变量测量设备无关 QKD 协议自从提出之后,截至本书定稿时,目前还没有得到真正的实验实现,第 7 章将会对此进行介绍,并提出可行的实验方案。另外,即使连续变量 MDI - QKD 协议实验实现,其应用范围也比较有限,并不能完全代替单向 CVQKD 系统在城域网中推广应用。而且,连续变量 MDI - QKD 仍需要性能很高的 BHD 完成中继端 Bell 态测量。因此,对 BHD 的持续深入研究将具有重要意义。

2.4 本 章 小 结

本章主要介绍了 CVQKD 协议及其分类,并简要回顾了 GG02 协议的理论安全性证明分析过程,给出了密钥率的计算结果。然后讨论了实际系统的非完美性,并特别针对器件缺陷、光源和探测器等方面分析了 CVQKD 实际系统可能存在的安全性漏洞,指出目前已存在的攻击方式及其补救措施,为后续章节的详细叙述做好铺垫。另外,本章特别强调了实际系统的现实安全性,是目前 QKD 发展所迫切需要深入研究的地方,这将会进一步推动 QKD 朝着实用性、可靠性和安全性等应用方向发展。

第3章 分束器缺陷对实际系统安全性的影响

本章针对器件缺陷,分析 CVQKD 实际系统中非完美分束器对系统安全性的影响。由于 Bob 端分束器的分束比依赖于波长,实际的使用差分探测(Heterodyne Detection)协议的 CVQKD 系统存在可利用的安全性漏洞,据此我们独立提出了波长攻击方案。该方案类似于黄靖正等人提出的波长攻击方案[59,142]。在波长攻击中,研究发现,Eve 发送给 Bob 的两束光到达平衡零拍探测器时的散粒噪声是 Bob 的探测结果偏离 Eve 的测量结果的主要原因,因此需要仔细考虑并进行精确计算。本章首先具体分析了波长攻击下必须满足的方程的解,并给出了严格的求解证明;然后精确计算了平衡零拍探测器的散粒噪声,得出了波长攻击能够成功实施的参数范围。

3.1 分束器缺陷

连续变量量子密钥分发(CVQKD)作为量子密钥分发的分支之一,具有很多优势,如高通信重复频率、高探测效率、易集成标准的电信器件等,因此在最近几年受到了广泛关注[63,67,68,73-77,80,111,125,143,144]。然而,在实际的系统中由于存在像噪声或损耗等非完美性,QKD 的无条件安全性受到了一定影响。在单光子 QKD 中,像 PNS 攻击(Photon – Number – Splitting Attack)[47,48,145]、被动法拉第镜攻击(Passive Faraday – Mirror Attack)[56]、部分相位随机化攻击(Partially Random Phase Attack)[93]等攻击方案得到了广泛的研究,但在 CVQKD 中却还没有过多的研究。这是因为 CVQKD 系统是单向系统,相比双向系统需要的元器件相对较少,可利用的安全性漏洞也较少。而且,Eve 的窃听痕迹一般都可以通过经典后处理的参数估计步骤被探测出来,因此对窃听者来说攻击起来比较困难。

然而,这并不是说实际的 CVQKD 系统就无法被攻破,正如第 1 章所说,QKD 协议的实施都是要预先满足一定条件的,当这些条件不能得到满足时,就可能会给窃听者带来可乘之机,从而攻击系统。例如,QKD 系统中一般所采用的实际光纤分束器是熔融双锥形分束器,这种分束器是将两根裸光纤的末端在高温环境下拉长融合到一起形成双锥形波导结构制作而成。经研究,这种光纤分束器的分束比与入射光的波长有关,可以用公式进行描述[146,147],即透过率

$$T = F^2 \sin^2\left(\frac{c\omega\lambda^{2.5}}{F}\right) := T(\lambda) \tag{3.1}$$

式中: F^2 为光耦合的最大功率; c 为分束器的耦合系数; ω 为热源宽度。因此,在密钥分发中,实际分束器的分束比不再是 50∶50,而是会依赖于波长的改变而变化。

利用此漏洞,文献[57]针对偏振编码 BB84 方案提出了波长攻击,并成功进行了实验演示。然而,在 CVQKD 系统中,实际分束器同样存在此缺陷,因此窃听者可以利用这种波长依赖特性攻击 CVQKD 差分探测协议系统。黄靖正等人对此最先进行了推广,但在他们最初的文章[142]中,两个重要的问题没能得到仔细考虑。首先,在这种攻击中要求必须成立的方程或称为攻击方程,在参数范围内没有得到具体的求解,这一点可能会使该攻击无效。其次,Eve 发送给 Bob 的两束光透过平衡零拍探测器时的散粒噪声被忽略了。然而,在波长攻击中,散粒噪声是 Bob 的探测结果偏离 Eve 的测量结果的主要原因,因此需要精确计算和考虑。

本书针对差分探测协议 CVQKD 系统的波长攻击方案,具体解决了上述两个问题。通过调节全光纤 CVQKD 系统的攻击参数可进一步改进这种波长攻击方法。研究发现,在某些参数范围内波长攻击才能成功。本章结构如下:

3.2 节主要叙述波长攻击方案,并针对差分探测协议具体求解攻击方程。3.3 节通过分析单端口和双端口零拍探测器引入的散粒噪声,计算了通信双方 Alice 和 Bob 之间的条件方差。据此,3.4 节进行了数值模拟,得出了波长攻击方式能够对差分探测协议 CVQKD 系统攻击成功的条件,并给出了相应的防御措施。

3.2 波长攻击 CVQKD 实际系统

本节首先描述了 CVQKD 差分探测协议,分析了实际系统中一般所使用的分束器的波长依赖特性,并据此提出了波长攻击方案,然后具体求解了波长攻击成功实施所应满足的攻击方程。

3.2.1 波长攻击方案

在实际的 CVQKD 系统中,发送方 Alice 首先通过幅度和相位调制器调制相干态 $(\hat{x}_A, \hat{p}_A)$,其中心点 (x_A, p_A) 满足方差为 $V_A N_0$ 的二维高斯分布。N_0 是出现

在 Heisenberg 不确实关系中的散粒噪声方差,即 $\Delta x \Delta p \geqslant N_0^{[73]}$。那么,

$$\hat{x}_A = x_A + \hat{x}_N^A, \quad \hat{p}_A = p_A + \hat{p}_N^A \qquad (3.2)$$

其中 $\langle (\hat{x}_N^A)^2 \rangle = N_0$, $\langle (\hat{p}_N^A)^2 \rangle = N_0$。随后,Alice 把这些态通过光纤等量子信道发送给接收方 Bob,Bob 接收后使用平衡零拍探测器执行零拍或差分探测。这样,多轮之后,Alice 和 Bob 可以共享一串相关的数据并能通过经典数据后处理技术得到最终的安全密钥。然而,由于实际系统可能存在一些非完美性等因素,可能会给潜在的窃听者打开窃听的后门,因此我们必须对实际系统仔细地进行实时校准,来消除所有可能存在的安全性漏洞。

一般来说,一些实际的光纤分束器的分束比依赖于入射光的波长。因此,正如文献[142]所提出,Eve 可以利用这种波长依赖性质来攻击实际的使用差分协议的 CVQKD 系统,如图 3.1 所示。Eve 可以发送波长和强度分别可调的两束光来控制 Bob 的探测结果,使其与自己的相同。

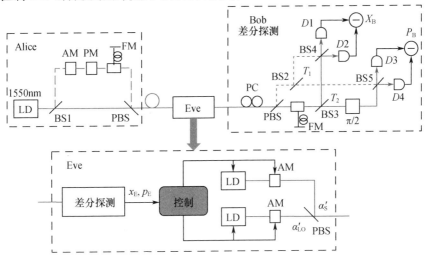

图 3.1 差分探测 CVQKD 实际系统波长攻击装置图
(虚线代表信号光,实线代表本底光)

LD:激光二极管;AM:强度调制器;PM:相位调制器;FM:Faraday 镜;
BS:分束器;PBS:偏振分束器;PC:偏振控制器;D:光电探测器。

图 3.1 所示为标准的差分探测 CVQKD 装置图,接收系统所采用的分束器均是熔融双锥锥形分束器,分束比与波长有关。窃听者用一根无损光纤代替实际的通信光纤,对发送方 Alice 发送的信号全部进行截取,实施差分探测,得到探测结果。然后据此调节两激光二极光的波长和强度,将此独立的两束光发送给 Bob,这样 Eve 就可以控制 Bob 端探测器的输出结果,从而知道 Bob 的测量数

据。但 Bob 的数据由此会引入一定的噪声,相对于发送方 Alice 只要该噪声不超过没有攻击时的最大可允许的噪声,那么窃听者 Eve 就可以不被合法的通信方发现,从而隐藏起来并窃取所有的密钥。

具体来说,Eve 首先拦截 Alice 发送的每一个态,并做差分探测得到探测结果 x_E、p_E,即

$$\hat{x}_E = \hat{x}_A + \hat{x}_N^E, \quad \hat{p}_E = \hat{p}_A + \hat{p}_N^E \tag{3.3}$$

其中 $\langle (\hat{x}_N^E)^2 \rangle = N_0 (\langle (\hat{p}_N^E)^2 \rangle = N_0)$ 为 Eve 差分探测时被引入的散粒噪声。接着,她向 Bob 发送两束光,强度可分别记作 $|\alpha'_S|^2$ 和 $|\alpha'_{LO}|^2$。因为这两束光不会发生干涉,Eve 能够使这两束光通过 Bob 端的差分探测器后满足:

$$\begin{cases} (1-T_1)(1-2T_1)|\alpha'_S|^2 - (1-T_2)(1-2T_2)|\alpha'_{LO}|^2 = \sqrt{\eta}x_E|\alpha_{LO}| \\ T_1(1-2T_1)|\alpha'_S|^2 - T_2(1-2T_2)|\alpha'_{LO}|^2 = \sqrt{\eta}p_E|\alpha_{LO}| \end{cases} \tag{3.4}$$

这里 $T_1(T_2)$ 指波长为 $\lambda_1(\lambda_2)$ 的光束 $\alpha'_S(\alpha'_{LO})$ 透过分束器的实际分束比。α_{LO} 为不存在这种波长攻击时的本底光的幅度,η 指信道的衰减(这里暂时用 η 代替信道的传输率,而用 T 代替分束器的透过率。为了不与本书前的符号列表定义相混淆,每个符合新的指代意义都做了具体的说明)。以 $\sqrt{2}\alpha_{LO}$[142] 归一化后,Bob 将得到探测结果 $\sqrt{\eta}x_E/\sqrt{2}$ 和 $\sqrt{\eta}p_E/\sqrt{2}$。显然,方程组(3.4)在实际参数范围内是否有实数解决定着波长攻击能否成功。因此,3.2.2 节将解析地研究方程组(3.4)在参数范围内的解。

3.2.2 攻击方程的求解

3.2.1 节,根据波长攻击原理,得出了攻击成功所应满足的方程,即攻击方程,此节具体求解该方程的解。首先将方程组(3.4)移项,改写为

$$\begin{cases} (1-T_1)(1-2T_1)|\alpha'_S|^2 = \sqrt{\eta}x_E|\alpha_{LO}| + (1-T_2)(1-2T_2)|\alpha'_{LO}|^2 \\ T_1(1-2T_1)|\alpha'_S|^2 = \sqrt{\eta}p_E|\alpha_{LO}| + T_2(1-2T_2)|\alpha'_{LO}|^2 \end{cases} \tag{3.5}$$

假设光束 α'_{LO} 就是光束 α_{LO},即 T_2 为 $1/2$,方程组(3.5)将简化为

$$\begin{cases} (1-T_1)(1-2T_1)|\alpha'_S|^2 = \sqrt{\eta}x_E|\alpha_{LO}| \\ T_1(1-2T_1)|\alpha'_S|^2 = \sqrt{\eta}p_E|\alpha_{LO}| \end{cases} \tag{3.6}$$

一般来说,x_E、p_E 在实际的 CVQKD 实验中是非常小的,如果 x_E、p_E 同时为正或同时为负,则方程组(3.6)总是可解的,即

$$\frac{1 - T_1}{T_1} = \frac{x_E}{p_E}, T_1 = \frac{p_E}{x_E + p_E} \in [0, 1] \tag{3.7}$$

然而,当 x_E、p_E 不同号时,$T_1 \notin [0, 1]$,方程组没有物理可实现的解。但通过选择合适的 $T_2 (\neq 1/2)$,方程组(3.5)的右边总是可以保证同时为正或同时为负,这是因为方程组的右边第二项是同号的。因此,如果选择合适的 α'_{LO},方程组(3.5)或方程组(3.4)总是可以保持成立。

另外,注意到我们总是可以使方程组(3.5)的右边足够小并且 T_2 接近于 $1/2$,这样方程组(3.5)左边的 $|\alpha'_S|^2$ 也能够足够小,特别是在离散调制 CVQKD 协议中,信号强度总是处在单光子水平。这样,即使 Bob 在其探测系统前加滤光器,这种波长攻击仍然不能被有效避免,这和文献[57]的情况是类似的。因为实际的滤光器总是存在一定的消光比,当增加入射光的强度时仍然可以有部分光透过滤光器,而赝本底光波长接近于 1550nm 时是不会被过滤掉的。这是因为实际的滤光器允许透过的激光有一定的线宽,因此赝本底光可以大部分通过分束器。

总之,执行这种波长攻击,理论上 Eve 能够控制攻击参数使 Bob 的探测结果与她自己窃取的结果相同,或者说 Eve 完全知道 Bob 的探测结果。然而,方程组(3.4)并没有考虑 Eve 发送的光束与真空模式的干涉(该真空模式是从 Bob 端的分束器另一端口进入的,如图 3.1 所示),这种干涉会为 Bob 的探测结果中引入额外的噪声,从而使得 Bob 获取的数据会偏离 Eve 的测量结果。

3.3 接收方测量结果的偏离

正如 3.2 节所述,窃听者发送的攻击光与真空模式的干涉将会导致 Bob 的探测结果偏离 Eve 的测量结果。而且,如果这种偏差很大的话,通过数据后处理的参数估计技术,Alice 和 Bob 将会发现他们不能提取任何安全的密钥,这是因为 Bob 的数据含有太多的噪声。因此,必须计算 Alice 和 Bob 数据的条件方差来看 Eve 的波长攻击是否能够成功。并且,在 Bob 端的探测器引入的散粒噪声是条件方差的主要贡献项,因此需要重点考虑并进行精确计算和数值模拟。在开始计算前先分析非平衡零拍探测器的量子噪声并将结果应用于 Bob 的装置上。

3.3.1 非平衡零拍探测器的量子噪声

零拍探测器利用强本底光的放大作用,广泛用来测量弱信号光的正交分量[148-150]。如图 3.2 所示,当分束器的透过率 $T = 1/2$,零拍探测器被称为平衡零拍探测器(Balanced Homodyne Detector, BHD),否则被称作非平衡零拍探测器(Unbalanced Homodyne Detector, UBHD)。图3.2(a)是包含减法器的双端口零拍探测器,图3.2(b)是不包含减法器的单端口零拍探测器。这些双端口或单端口的零拍探测器被用来测量弱信号的正交分量或真空态的量子噪声。

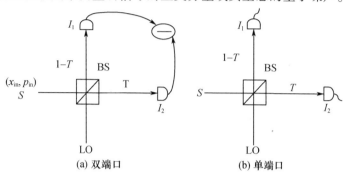

图3.2　非平衡零拍探测器

(a)双端口;(b)单端口。

一般来说,双端口平衡零拍探测器可以测量弱信号 α_S 的正交分量 x_A 或者 p_A,信号光与本底光的相对相位为 θ,测量结果为[150]

$$x_\theta = 2\mid\alpha_{LO}\mid(x_{in}\cos\theta + p_{in}\sin\theta) \tag{3.8}$$

式中:$x_{in} = x_A + x_N$,$p_{in} = p_A + p_N$,x_N、p_N 为真空噪声。

x_{in}、p_{in} 的方差为

$$\langle x_{in}^2 \rangle = \langle x_A^2 \rangle + \langle x_N^2 \rangle = V_A + N_0$$
$$\langle p_{in}^2 \rangle = \langle p_A^2 \rangle + \langle p_N^2 \rangle = V_A + N_0 \tag{3.9}$$

式中:V_A 是信号方差。当 $V_A = 0$ 时,输出的是散粒噪声 N_0 方差[这里的散粒噪声方差(Shot – noise Variance)是指真空态正交分量方差,已经通过本底光强度或功率进行了归一化了。在本章中,和文献[74]相同,所有 $N_0 = 1/4$。当然,在其他文献中,根据正交分量算子 $(\hat{x}, \hat{p})$ 与产生、湮灭算子 $(\hat{a}^+, \hat{a})$ 之间的定义关系,N_0 还可以被归一化为 1 或 1/2。另外,若不归一化,散粒噪声方差与本底光强度成比例]。然而,双端口的非平衡零拍探测器输出结果将不同于式(3.8)。

因为强本底光可以被当作经典光场[148 - 150]看待,其幅度可表示为

$$\alpha_{LO} = \mid\alpha_{LO}\mid e^{i\theta} \tag{3.10}$$

式中:θ 为式(3.8)中的相对相位。假设脉冲本底光 α_{LO} 和信号光 α_S 光学频率相同且都处在相干态,那么通过分束器后它们将彼此发生干涉,如图3.2(a)所示,即经过分束器光学混合后,它们的强度分别为

$$\begin{aligned}
I_1 &= |\sqrt{1-T}\alpha_S + \sqrt{T}\alpha_{LO}|^2 = (1-T)|\alpha_S|^2 + T|\alpha_{LO}|^2 \\
&\quad + \sqrt{T(1-T)}(\alpha_S^*\alpha_{LO} + \alpha_{LO}^*\alpha_S) \\
&= (1-T)|\alpha_S|^2 + T|\alpha_{LO}|^2 + \sqrt{T(1-T)} \times 2|\alpha_{LO}|(x_{in}\cos\theta + p_{in}\sin\theta) \\
I_2 &= |\sqrt{T}\alpha_S - \sqrt{1-T}\alpha_{LO}|^2 = T|\alpha_S|^2 + (1-T)|\alpha_{LO}|^2 \\
&\quad - \sqrt{T(1-T)}(\alpha_S^*\alpha_{LO} + \alpha_{LO}^*\alpha_S) \\
&= T|\alpha_S|^2 + (1-T)|\alpha_{LO}|^2 - \sqrt{T(1-T)} \times 2|\alpha_{LO}|(x_{in}\cos\theta + p_{in}\sin\theta)
\end{aligned}$$

$$(3.11)$$

式中 $x_{in} = (\alpha_S + \alpha_S^*)/2$，$p_{in} = (\alpha_S - \alpha_S^*)/(2i)$。

则 I_1 和 I_2 相减可得到输出结果

$$X_\theta = 2\sqrt{T(1-T)}x_\theta + (1-2T)(|\alpha_S|^2 - |\alpha_{LO}|^2) \qquad (3.12)$$

式中 x_θ 已由式(3.8)给出。当 $T = 1/2$ 时，式(3.12)约化为式(3.8)。如果弱信号是真空态，其幅度可表示为 $\alpha_S = \langle\alpha_S\rangle + \delta\alpha_S$，并且 $\langle\alpha_S\rangle = 0$，因此 $x_A = p_A = 0$，而且 $|\alpha_S|^2 = |\delta\alpha_S|^2 := |\delta\alpha|^2 \ll |\alpha_{LO}|^2$。$\delta\alpha$ 描述真空态涨落的幅度，忽略其二次项，UBHD 的输出为

$$X_\theta = 2\sqrt{T(1-T)}x'_\theta - (1-2T)|\alpha_{LO}|^2 \qquad (3.13)$$

式中 x'_θ 由式(3.8)取 $x_A = p_A = 0$ 得到。当 θ 选为 0 或 $\pi/2$ 时，我们可以得到输出的散粒噪声方差 $4T(1-T)N_0$，记作 $(\Delta X)^2$ 或 $(\Delta P)^2$ [$(\Delta X)^2 = (\Delta P)^2 = 4T(1-T)N_0$]。当 $T = 1/2$ 时，与 BHD 的输出结果一致。式(3.13)右边除去第一项即为本底光强度的差量，这是由非对称分束器(Asymmetric Beam Splitter，ABS)的非平衡分束比导致的。

下面分析单端口非平衡零拍探测器。如图 3.2(b)所示，通过非平衡分束器后本底光与信号光的强度可由式(3.11)得到。当弱信号是真空态时，式(3.11)可约化为

$$\begin{aligned}
I_1 &= T|\alpha_{LO}|^2 + 2\sqrt{T(1-T)}|\alpha_{LO}|X_N \\
I_2 &= (1-T)|\alpha_{LO}|^2 - 2\sqrt{T(1-T)}|\alpha_{LO}|X_N
\end{aligned}$$

$$(3.14)$$

其中 $X_N \in \{x_N, p_N\}$，θ 已选为 0 或 $\pi/2$。式(3.14)右边除去第一项即为单端口 UBHD 每个端口的强度波动。第一项为本底光强度的分束部分。使用单端口 UBHD，即可计算 Eve 发送给 Bob 的经典光束的噪声。然而，需要注意的是，UBHD 的噪声是由 ABS 另一端口进入的真空模式引入的。

3.3.2 合法通信方之间的条件方差

再来看图 3.1,图中很明显存在两种 UBHD。一方面,Bob 端信号光与本底光单独通过的第一个 ABS 可看作单端口的 UBHD,并且每一个端口的输出都是真空态与信号光或本底光干涉的结果。因此,如 3.3.1 节分析所示,第一个 ABS 的输出强度(以信号光为例,本底光类似)可表示为

$$I_S^r = (1 - T_1)I_S - 2\sqrt{T_1(1-T_1)I_S}X_N$$
$$I_S^t = T_1 I_S + 2\sqrt{T_1(1-T_1)I_S}X_N \tag{3.15}$$

式中:I_S 是 Eve 发送的信号光强度,即 $I_S = |\alpha_S'|^2$。另一方面,第二个 ABS 是双端口 UBHD,但输出的是信号光与真空态、本底光与真空态干涉结果的总和。这是因为信号光与本底光的波长不同,它们并不互相干涉。回顾一下,双端口 UBHD 的输出是 ΔX_T 或 ΔP_T,如式(3.13)所示,以 $\sqrt{2}|\alpha_{LO}|$ 为归一化因子[参考式(3.8),一般对差分探测来说,本底光被分为两束,因此其强度应除以 2],则 Bob 的探测结果为

$$
\begin{aligned}
\hat{x}_B &= \frac{\Delta i}{\sqrt{2}q|\alpha_{LO}|} = \frac{(1-2T_1)I_S^r - (1-2T_2)I_{LO}^r + 2\sqrt{I_S^r}\Delta X_S + 2\sqrt{I_{LO}^r}\Delta X_{LO}}{\sqrt{2}|\alpha_{LO}|} \\
&= \sqrt{\frac{\eta}{2}}\hat{x}_E + \frac{(1-2T_1)[-2\sqrt{T_1(1-T_1)I_S}X_N] - (1-2T_2)[-2\sqrt{T_2(1-T_2)I_{LO}}X_N]}{\sqrt{2}|\alpha_{LO}|} \\
&\quad + \frac{2\sqrt{I_S^r}\Delta X_S + 2\sqrt{I_{LO}^r}\Delta X_{LO}}{\sqrt{2}|\alpha_{LO}|} \\
&= \sqrt{\frac{\eta}{2}}\hat{x}_E + \hat{x}_{B|E}
\end{aligned}
$$

$$
\begin{aligned}
\hat{p}_B &= \frac{\Delta i}{\sqrt{2}q|\alpha_{LO}|} = \frac{(1-2T_1)I_S^t - (1-2T_2)I_{LO}^t + 2\sqrt{I_S^t}\Delta P_S + 2\sqrt{I_{LO}^t}\Delta P_{LO}}{\sqrt{2}|\alpha_{LO}|} \\
&= \sqrt{\frac{\eta}{2}}\hat{p}_E + \frac{(1-2T_1)[2\sqrt{T_1(1-T_1)I_S}X_N] - (1-2T_2)[2\sqrt{T_2(1-T_2)I_{LO}}X_N]}{\sqrt{2}|\alpha_{LO}|} \\
&\quad + \frac{2\sqrt{I_S^t}\Delta P_S + 2\sqrt{I_{LO}^t}\Delta P_{LO}}{\sqrt{2}|\alpha_{LO}|} \\
&= \sqrt{\frac{\eta}{2}}\hat{p}_E + \hat{p}_{B|E}
\end{aligned}
\tag{3.16}
$$

其中 Δi 是 UBHD 双端口输出电流之差，正比于两端口探测光的强度差，比例系数为 q。$\hat{x}_{B|E}$ 或 $\hat{p}_{B|E}$ 是 $\hat{x}_B$ 或 $\hat{p}_B$ 偏离 $\hat{x}_E$ 或 $\hat{p}_E$ 的偏移量。Bob 的探测结果关于 Eve 的测量结果的条件方差可计算为

$$V_{B|E}^x = \langle \hat{x}_{B|E}^2 \rangle$$

$$= \frac{\langle\{(1-2T_1)[-2\sqrt{T_1(1-T_1)I_S}X_N]\}^2\rangle + \langle\{(1-2T_2)[-2\sqrt{T_2(1-T_2)I_{LO}}X_N]\}^2\rangle}{2|\alpha_{LO}|^2}$$

$$+ \frac{4I_S^r(\Delta X_S)^2 + 4I_{LO}^r(\Delta X_{LO})^2}{2|\alpha_{LO}|^2}$$

$$\approx \frac{2T_2(1-T_2)(1-2T_2)^2 I_{LO}N_0 + 2(1-T_2)I_{LO}[4T_2(1-T_2)N_0]}{|\alpha_{LO}|^2}$$

$$\approx 2T_2(1-T_2)(1-2T_2)^2 N_0 + 8T_2(1-T_2)^2 N_0$$

$$V_{B|E}^p \approx V_{B|E}^x := V_{B|E} \qquad (3.17)$$

第一个约等号成立是因为 I_S、$I_S^r \ll |\alpha_{LO}|^2$，第二个约等号成立是由于假设 Eve 发送的赝本底光强度（$I_{LO} = |\alpha_{LO}'|^2$）与初始本底光强度（$|\alpha_{LO}|^2$）相等。在这种假设下，$V_{B|E}^p$ 等于 $V_{B|E}^x$，简记为 $V_{B|E}$。

为了得到 Bob 的探测结果关于 Alice 的随机高斯信号 x_A 或 p_A 的条件方差 $V_{B|A}$，先将式（3.2）和式（3.3）代入式（3.16），求得 Bob 关于 Alice 模式的测量结果，即

$$\hat{x}_B = \sqrt{\frac{\eta}{2}}(x_A + \hat{x}_N^A + \hat{x}_N^E) + \hat{x}_{B|E}$$

$$\hat{p}_B = \sqrt{\frac{\eta}{2}}(p_A + \hat{p}_N^A + \hat{p}_N^E) + \hat{p}_{B|E}$$

$$(3.18)$$

从而得到条件方差 $V_{B|A}$

$$V_{B|A} = \langle(\hat{x}_B - \sqrt{\eta/2}x_A)^2\rangle = \eta N_0 + V_{B|E} \qquad (3.19)$$

显然，$V_{B|E}$ 总是小于 $V_{B|A}$，因此 Bob 和 Eve 间的互信息总是大于 Bob 和 Alice 间的互信息。这与 Eve 在波长攻击中实施截取—重发策略是一致的，因为除了很小的偏离 $V_{B|E}$，Eve 完全知道 Bob 的探测结果。下面将精确分析这种偏离所带来的影响，并研究 Eve 在这种攻击下将怎样隐藏自己的攻击痕迹。

3.4　结果和讨论

正如 3.3 节分析，当 Eve 对 Bob 的接收系统实施这种波长攻击时，Bob 的探

测结果会偏离 Eve 的测量结果,偏移大小可由公式(3.17)中的条件方差 $V_{B|E}$ 进行表征。$V_{B|E}$ 关于 T_2 的变化关系如图 3.3 所示。

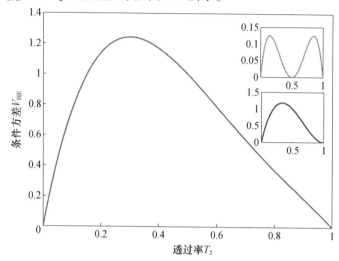

图 3.3 条件方差 $V_{B|E}$ 关于 T_2 的变化图

T_2(对应于本底光)为 Bob 端非对称分束器的透过率。

小图上是图 3.1Bob 端第一个分束器引入的噪声,小图下是第二个分束器引入的噪声。

当 T_2 为 0.15 或 0.5 时,$V_{B|E}$ 为 N_0,并且在 $T_2 = 0.3$ 时达到最大值 $1.24 N_0$。在实际的差分探测 CVQKD 实验中,除了存在一些很小的额外噪声 εN_0 外,安全的条件方差 $V_{B|A}$ 总是为 N_0[73,100]。因此,Eve 必须选择合适的 T_2 使得 $V_{B|E}$ 等于或略大于 $(1-\eta)N_0$,这样她才能在得到 Alice 和 Bob 所拥有的全部密钥的同时,完全隐藏自己而不被发现。此外,根据第 3.2.2 节分析,当 $T_2 \neq 1/2$ 时,总是能够使方程组(3.4)得到满足,也就是说 Eve 能够在上述条件下成功实施这种波长攻击。

另外,从式(3.17)中还可以看出,条件方差 $V_{B|E}$ 的主要贡献项是透过双端口 UBHD 的两束光的散粒噪声,特别是本底光引入的散粒噪声(因为弱信号光引入的散粒噪声很小,可以忽略),而 Bob 端第一个 ABS(作为单端口 UBHD)引入的噪声($<0.15N_0$,图 3.3 小图上)却可以被忽略,这是因为分母 $|\alpha_{LO}|^2$ 较大(大约为 $10^8 N_0$ 量级[73]),被除后将变得忽略不计。然而,这也意味着,如果 Eve 能够降低发送光的强度,使其都小于初始本底光的强度 $|\alpha_{LO}|^2$,条件方差 $V_{B|E}$ 则可以被任意降低,因为被光束 α_s' 或 α_{LO}' 放大的散粒噪声将变得更小。并且 Eve 还可以利用监控 ABS(分束比可能为 1∶99)的波长依赖性质,使光束 α_s' 或 α_{LO}' 的监控值总是保持不变,从而隐藏强度被降低的攻击行为。这说明波长攻击的条件选

择可以更加自由,攻击方案更易成功实施。

最后,需要说明的是本章所分析的探测器并没有考虑探测效率、电子学噪声及其他噪声等非完美性因素。然而,若考虑这些非完美性,窃听者只需适当调节攻击参数如 η、T_2 或赝本底光的强度 $|\alpha'_{\mathrm{LO}}|^2$,便足以隐藏波长攻击痕迹。另外,本工作是和黄靖正等人类似的工作几乎同时期独立完成的,其随后发表的文章[59]已经部分或全部解决了本工作中所考虑的两个关键问题,并对波长攻击进行了推广,将其应用在零拍探测协议 CVQKD 系统中,感兴趣的可参考文献[60]进行研究。

3.5 本 章 小 结

本章研究了针对差分探测协议 CVQKD 实际系统的波长攻击的可行性。结果表明,如果 Bob 端的分束器的分束比依赖于波长,则选择合适的透过率 T_2(对应合适的赝本底光),这种攻击可以被成功实施。这是因为,一方面,Eve 发送的两束光所满足的攻击方程,满足所有已知条件的解是存在的;另一方面,Bob 的探测结果偏离 Eve 的测量结果的主要贡献项 Eve 发送的赝本底光放大的散粒噪声,可以通过选择合适的 T_2 或降低赝本底光的强度而被降低。然而,如果 Bob 在其接收端安装滤光器,如第 3.2.2 节分析,这种攻击仍然不能被有效避免。因此,在 CVQKD 实际系统中,使用高精度的滤光器及分束比不依赖于波长的分束器,并仔细监控本底光是非常必要的,这可以确保差分探测协议下 CVQKD 实际系统的安全性。

第4章 本底光强度波动打开攻击后门

本章主要考虑本底光随时间波动时实际 CVQKD 系统的安全性,该波动为窃听者窃取密钥打开了后门。窃听者可以通过降低本底光的强度来模拟这种波动,从而隐藏其高斯集体攻击的痕迹。数值模拟显示,如果 Bob 不监控本底光的强度且不使用本底光强度的瞬时值对其探测结果进行归一化,密钥率将会被严重高估。

4.1 概　　述

作为无条件安全的密钥分发方案之一,连续变量量子密钥分发(CVQKD),近年来在理论和实验上都取得了巨大的成就[68,80,125,151]。实际实验系统如全光纤高斯调制系统[73-76]、离散调制系统[117,144,151]等相干态协议 QKD 系统,可以达到几十千米,且已经在很多研究小组得到了实现。像这样的系统都是基于发送和测量(Prepare – And – Measure,PM)方案的,其安全性可以由等价的基于纠缠(Entanglement – Based,EB)的方案的安全性证明得到保证[84,85,152]。

然而,CVQKD 的 EB 方案的传统分析仅包括了信号光束,并没有涵盖本底光。本底光是一种用来定义信号态相位的参考光,用于平衡零拍探测。这将为窃听者打开一些安全性漏洞,因为本底光也处在窃听者的操控范围内。在连续变量离散调制 QKD 协议的安全性证明中本底光监控的必要性已经得到了讨论[153]。此外,由于本底光波动所导致的 BHD 不完美减法产生的额外噪声也已经受到了人们的重视,并进行了公式化定量描述[99]。然而在实际的 CVQKD 实验中,密钥分发前测量的散粒噪声在密钥分发过程中仍然被假设是保持不变的,或者认为密钥分发过程中本底光的强度近似保持不变。这是由于本底光强度波动很小,而且波动较大的脉冲在密钥分发过程中被抛弃了。不幸的是,这样的处理方式仍然会给窃听者窃取密钥带来一定的优势。本章主要分析本底光强度波动对 Alice 和 Bob 所共享的安全密钥的影响。首先,在定量描述本底光强度波动大小之后,提出了一种攻击方式来利用这种波动攻击实际系统。接着,为了考虑这种攻击下实际 CVQKD 系统的安全性,计算了正反向协调时 Bob 监控与不监控本底光的情况下 Alice 和 Bob 的密钥率。数值模拟结果显示,如果 Bob 不用本底光强度的瞬时值对探测结果进行归一化,那么本底光的强度波动将会严重恶化实际系统的安全性。最后,为了确保实际 CVQKD 系统的无条件安全性,简单讨论了本底光强度的精确监控问题。

4.2　本底光强度波动与攻击

一般来说,在实际的 CVQKD 系统中,本底光总是被分离出一部分进行强度监控,波动较大的脉冲被丢弃掉,波动较小的脉冲强度近似认为保持不变。然而,即使监控,仍然不清楚这种波动,特别是较小的波动,对密钥率会有什么样的影响。为了确保 Alice 和 Bob 拥有的密钥是无条件安全的,下面将仅分析这种波动对密钥率的影响,而不考虑平衡零拍探测器的非完美性,如本底光强度波动导致的不完全减法等。

4.2.1　波动描述与定量

理想情况下,完美的脉冲平衡零拍探测器 BHD 使用强本底光测量弱信号,将会输出以下结果[150]

$$x_\theta = k|\alpha_{LO}|(Q_{in}\cos\theta + P_{in}\sin\theta) \qquad (4.1)$$

弱信号的正交分量为 $X_S \in \{Q_S, P_S\}$,k 为 BHD 的比例常数,α_{LO} 是本底光 LO 的幅度,θ 是本底光与信号光的相对相位。因此,以本底光幅度或散粒噪声为归一化因子,该结果可以写为

$$\hat{X}_O = \hat{X}_{in} = X_S + \hat{X}_N \qquad (4.2)$$

式(4.1)中的 θ 在这里已取为 0 或 $\pi/2$。正交分量 Q 和 P 被定义为 $\hat{X}_{in} \in \{\hat{Q}_{in}, \hat{P}_{in}\}$,$\hat{X}_N \in \{\hat{Q}_N, \hat{P}_N\}$。$\hat{X}_N$ 是真空态的正交分量。

然而,在实际的系统中,本底光的强度总是随时间波动的,用一比例系数 $\eta > 0$ 表示,实际本底光强度可被描述为 $|\alpha'_{LO}|^2 = \eta|\alpha_{LO}|^2$,$\alpha_{LO}$ 是初始用来归一化的本底光幅度。如果 Bob 不监控本底光的强度,或不量化其波动(强度波动是指密钥分发时各脉冲强度偏离初始校准强度值。因此,这里的波动并不是每个脉冲本身的量子波动,因为本底光是强经典光,其量子波动远小于其本身的强度,因而可以忽略),特别是让 BHD 的输出结果仅以初始的本底光强度进行归一化,那么输出结果将变成

$$\hat{X}'_O = \sqrt{\eta}\hat{X}_O \qquad (4.3)$$

不幸的是,在后面将会看到,这种强度波动会为 Eve 打开窃听的后门。

4.2.2 本底光强度攻击

在常规的安全性分析中,比如等价于 PM 实验的 EB 方案,如图 4.1(a)所示,本底光并没有被考虑,其强度被认为是保持不变的。然而,在实际的实验中,Eve 不仅能窃取信号光束,也能窃取到本底光,而且她可以把 Alice 和 Bob 间的量子信道用自己的完美量子信道来代替,如图 4.1(b)和(c)所示。这样做之后,Eve 使用一个可变衰减器改变本底光的强度而不改变其相位来模拟这种强度波动,以此来部分掩盖她对信号光的攻击。我们称这种攻击为本底光强度攻击(Local Oscillator Intensity Attack,LOIA)。在后面的分析中,将会看到,在 Alice 和 Bob 的参数估计中,Eve 仅通过调节本底光的透过率,由其引入的信道额外噪声就可以被任意降低,直至为零。结果,在这种攻击下,Alice 和 Bob 将会低估 Eve 窃取的信息,从而使得 Eve 能够获取部分密钥而不被发现。

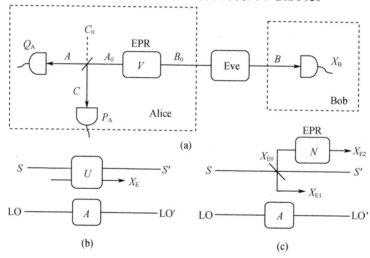

图 4.1 本底光强度攻击示意图

(a) EB 方案,Alice 差分探测 EPR(Einstein-Podolsky-Rosen)纠缠态[19]的一个模式,Bob 零拍探测另一个模式,Eve 仅攻击信号光;(b)LOIA,包括对信号光进行高斯集体攻击,同时用一个不改变相位的可变衰减器 A,比如透过率可变的分束器,来改变本底光的强度。U 是幺正操作,X_E 是 Eve 窃取的模式;(c)LOIA,其中 U 是分束器变换操作,Eve 的辅助模式 X_{E0} 与 X_{E2} 是方差为 N 的 EPR 对的两个模式,X_{E1} 是窃取模式,这种信号攻击也叫纠缠克隆攻击[154],为高斯集体攻击的一个具体形式。

图 4.1(b)描述了这种攻击方式(LOIA),包含两部分:一方面对信号光进行高斯集体攻击[84,85,152],另一方面,用一个不改变相位的可变衰减器 A,比如透过

率可变的分束器来改变本底光的强度。对信号光的高斯集体攻击可如下进行：Eve 首先借助辅助模式通过么正操作 U 对信号模式进行截取，并把得到的信号储存在量子存储器中，然后在 Alice 和 Bob 做经典数据后处理之后进行一个最优的集体测量。图 4.1(c)是一种具体的本底光强度攻击方案，其中的么正操作 U 为分束器变换操作。这种信号攻击也称为纠缠克隆攻击（Entangling Cloner Attack），最早由 Grosshan 提出[154]，并随后由 Pirandola 等人进行了改进[79,81,82]。在后面将会给出证明，使用纠缠克隆攻击，Eve 可以获取与图 4.1(b)相同的信息量。

4.3　本底光强度攻击下密钥率的计算

本节以零拍探测协议 CVQKD 系统为例，分析本底光强度波动及其隐藏的本底光强度攻击(LOIA)对协议密钥率的影响，差分探测协议可以得到类似的结果。在通常的制备—测量实验中，Alice 制备一系列中心点值为 $X_S \in \{Q_S, P_S\}$ 的相干态脉冲，Q_S、P_S 分别独立满足方差为 V_S、均值为零的高斯分布，然后 Alice 将这些态通过量子信道发送给 Bob。Alice 制备的这些初始态模式可描述为 $\hat{X}_A = X_S + \hat{X}_N$，$\hat{X}_A \in \{\hat{Q}_A, \hat{P}_A\}$ 是态模式的正交分量。$\hat{X}_N \in \{\hat{Q}_N, \hat{P}_N\}$ 描述的是真空模式的正交分量。注意，以下将用帽子标记算子，而不带帽子的量用来表示算子对应的经典测量值。因此，Alice 制备的初始模式总的方差可记为 $V = V_S + 1$。当这些态到达 Bob 端时，Bob 将得到模式 $\hat{X}_B \in \{\hat{Q}_B, \hat{P}_B\}$，

$$\hat{X}_B = \sqrt{T}\hat{X}_A + \sqrt{1-T}\hat{E} \qquad (4.4)$$

$\hat{E}$ 描述的是 Eve 通过量子信道注入的模式，其方差为 N。Bob 随机选择一个正交分量进行测量，如果 Eve 衰减本底光的强度，而 Bob 仍用初始的本底光强度进行归一化，如式(4.3)所示，将得到测量结果

$$X_B^\omega = \sqrt{\eta}X_B = \sqrt{\eta}(\sqrt{T}X_A + \sqrt{1-T}E) \qquad (4.5)$$

式中 X_B 指 $Q_B \in \mathbf{R}$（或 $P_B \in \mathbf{R}$）。然而，当 Bob 监控本底光并以本底光每个脉冲的瞬时值为归一化因子时，则会得到 X_B。注意，为了计算简单，这里假设每个本底光脉冲透过率 η 或衰减率 $1-\eta$ 是相同的。因此，Bob 测量数据的方差及关于 Alice 的编码信息的条件方差，在本底光强度监控与不监控的情况下（Bob 的测量结果没用监控的瞬时值进行归一化，而是仍然用本底光的初时校准强度进行归一化；监控的意义与之相反），分别为

$$V_B = TV + (1-T)N \qquad (4.6)$$

$$V_B^\omega = \eta[TV + (1-T)N] \tag{4.7}$$

$$V_{B|A} = T + (1-T)N \tag{4.8}$$

$$V_{B|A}^\omega = \eta[T + (1-T)N] \tag{4.9}$$

上标 ω 指"不监控",这里所有的方差或条件方差都以散粒噪声为单位,且条件方差定义为[127]

$$V_{X|Y} = V(X) - \frac{|\langle XY \rangle|^2}{V(Y)} \tag{4.10}$$

因此,Alice 和 Bob 模式的协方差矩阵可写为

$$\gamma_{AB}(V,T,N) = \begin{pmatrix} \boldsymbol{\gamma}_A & \boldsymbol{\sigma}_{AB}^T \\ \boldsymbol{\sigma}_{AB} & \boldsymbol{\gamma}_B \end{pmatrix} = \begin{pmatrix} V\mathbb{I} & \sqrt{T(V^2-1)}\boldsymbol{\sigma}_z \\ \sqrt{T(V^2-1)}\boldsymbol{\sigma}_z & [TV+(1-T)N]\mathbb{I} \end{pmatrix} \tag{4.11}$$

$$\gamma_{AB}^\omega = \begin{pmatrix} V\mathbb{I} & \sqrt{\eta T(V^2-1)}\boldsymbol{\sigma}_z \\ \sqrt{\eta T(V^2-1)}\boldsymbol{\sigma}_z & \eta[TV+(1-T)N]\mathbb{I} \end{pmatrix} \tag{4.12}$$

式中:$\boldsymbol{\sigma}_z = \begin{pmatrix} 1 & 0 \\ 0 & -1 \end{pmatrix}$ 为 Pauli 矩阵;$\mathbb{I}$ 为单位矩阵。

从式(4.6)和式(4.7)可以估算出信道传输率和信道额外噪声在监控情况下分别为 T、$\varepsilon = (1-T)(N-1)/T$,不监控时分别为 ηT、$\varepsilon^\omega = \varepsilon - \frac{1}{T}\left(\frac{1}{\eta}-1\right)$。因此,如图 4.1 所示,通过衰减本底光强度使 $0 < \eta < 1$,Eve 能够任意降低 ε^ω,直至为零。这样她可以获取物理上所允许的最大信息量。在下面的数值仿真中,我们总是使 $\varepsilon^\omega = 0$,即 $\eta(1-T)N = 1 - \eta T$。这样,协方差矩阵 $\gamma_{AB}^\omega = \gamma_{AB}(V, \eta T, 1)$,且 Eve 引入的噪声 N[在纠缠克隆攻击里为 EPR 态的方差,如图 4.1(c)所示]应设定为

$$N = \frac{1 - \eta T}{\eta(1-T)} \tag{4.13}$$

为了估算密钥率,不失一般性,下面先分析反向协调,然后再分析正向协调。

4.3.1 反向协调时密钥率的计算

从 Alice 和 Bob 的角度来看,反向协调时的密钥率在监控和不监控情况下分别应为

$$K_{RR} = I_{AB} - \chi_{BE} \tag{4.14}$$

$$K_{RR}^{\omega} = I_{AB}^{\omega} - \chi_{BE}^{\omega} \tag{4.15}$$

监控和不监控情况下 Alice 和 Bob 的互信息是相等的,即

$$I_{AB} = \frac{1}{2}\log_2\frac{V_B}{V_{B|A}} = \frac{1}{2}\log_2\frac{V_B^{\omega}}{V_{B|A}^{\omega}} = I_{AB}^{\omega} \tag{4.16}$$

这是因为在这两种情况下,Bob 的测量结果仅相差乘积系数 η,且一一对应,根据数据处理定理[155,156],它们是等价的。然而,由 Holevo 量给出的 Eve 和 Bob 的互信息在这两种情况下是不同的。如前节显示,从 Bob 的角度来看,信道传输率和额外噪声是不同的,但从 Eve 的角度来看,根据数据处理定理它们却是不变的,因为在这两种情况下,她对 Bob 的测量结果的估计仅是乘以系数 η 而已。下面,首先计算 Eve 实际窃取的信息量,可以表示为

$$\chi_{BE} = S(E) - S(E|B) \tag{4.17}$$

$S(\cdot)$ 表示 Von Neumann 熵[128]。对一个给定的高斯态,其熵可由其协方差矩阵 γ 的辛本征值(Symplectic Eigenvalue)进行计算[157,158]。为了计算 Eve 的窃取信息量,下面分两种方法进行计算,即态纯化计算方法和直接计算方法。

4.3.1.1 纯化计算

首先假设 Eve 的系统 E 能够纯化模式 AB,这是量子物理所允许的,因此 $S(E) = S(AB)$。其次,在 Bob 投影测量之后,系统 AE 是纯态,则 $S(E|B) = S(A|B)$。标记 $a = V, b = TV + (1-T)N$,及 $c = \sqrt{T(V^2-1)}$,则 γ_{AB} 的辛本征值为

$$\lambda_{1,2} = \sqrt{\frac{A \mp \sqrt{A^2 - 4B^2}}{2}} \tag{4.18}$$

其中 $A = a^2 + b^2 - 2c^2, B = ab - c^2$。类似地,熵 $S(A|B)$ 由协方差矩阵 $\gamma_A^{\hat{x}_B}$ 的辛本征值 λ_3 确定[100]。$\gamma_A^{\hat{x}_B}$ 即为

$$\gamma_A^{\hat{x}_B} = \gamma_A - \sigma_{AB}^T (X\gamma_B X)^{MP} \sigma_{AB} \tag{4.19}$$

其中 $X = \begin{pmatrix} 1 & 0 \\ 0 & 0 \end{pmatrix}$,MP 表示矩阵的 Moore Penrose 逆。从而可求其辛本征值 $\lambda_3 = \sqrt{\frac{(1-T)NV^2 + TV}{TV + (1-T)N}}$,于是 Holevo 信息量

$$\chi_{BE}(V, T, N) = G\left(\frac{\lambda_1 - 1}{2}\right) + G\left(\frac{\lambda_2 - 1}{2}\right) - G\left(\frac{\lambda_3 - 1}{2}\right) \tag{4.20}$$

其中 $G(x) = (x+1)\log_2(x+1) - x\log_2 x$。然而,Bob 在没有监控本底光的

情况下估计的 Eve 的信息量应为

$$\chi_{BE}^{\omega} = \chi_{BE}(V, \eta T, 1) \tag{4.21}$$

分别将式(4.20)和式(4.21)代入式(4.14)和式(4.15),即可得到 Bob 监控和不监控本底光时的密钥率公式。然而,式(4.15)中的密钥率是在不监控本底光的情况下得到的,显然是不安全的。Eve 从密钥率 K_{RR}^{ω} 中窃取了部分信息,但却没被发现。换句话说,Alice 和 Bob 低估了 Eve 窃取的信息,却没有意识到。事实上,真正的或无条件安全的密钥率 K_{RR}^{ω} 应该是将式(4.15)中的 χ_{BE}^{ω} 用式(4.20)代替,我们称为真实的密钥率。注意,由式(4.16)知,它和监控下的密钥率式(4.14)是相同的。

4.3.1.2 直接计算

式(4.17)中的 Holevo 信息量也可以直接计算,即直接计算 Eve 窃取的态及其辅助模式态的 Von Neumann 熵。图 4.1(c)所示为高斯集体攻击的一个具体形式——纠缠克隆攻击,即 Eve 用透过率为 T 的分束器和方差为 N 的 EPR 对代替 Alice 和 Bob 之间的高斯量子信道。EPR 对的其中一个模式 E_0 和 Alice 的发送模式在分束器中进行光学混合,然后将其中一个端口的光发送给 Bob。通过调节 N,可以匹配原先的实际信道中的量子噪声。EPR 另一个模式由 Eve 存储在量子存储器中,并最后进行集体测量,以降低分束器另一端口输出模式 E_1 的不确定性。E_1 可写为

$$\hat{X}_{E_1} = -\sqrt{1-T}\hat{X}_A + \sqrt{T}\hat{X}_{E_0} \tag{4.22}$$

其中 $\hat{X}_{E_0}$ 为模式 E_0 的正交分量。则模式 E_1 的方差可计算得

$$V_{E_1} = (1-T)V + TN \tag{4.23}$$

并且,由式(4.10),可得条件方差 $V_{E_1|A}$

$$V_{E_1|A} = (1-T) + TN \tag{4.24}$$

因此,Eve 的协方差矩阵可写为

$$\boldsymbol{\gamma}_E(V,V) = \begin{pmatrix} \boldsymbol{\gamma}_{E_1} & \boldsymbol{\sigma}_{E_1E_2}^T \\ \boldsymbol{\sigma}_{E_1E_2} & \boldsymbol{\gamma}_{E_2} \end{pmatrix} = \begin{pmatrix} \text{diag}(V_{E_1}, V_{E_1}) & Z_{E_1E_2}\boldsymbol{\sigma}_z \\ Z_{E_1E_2}\boldsymbol{\sigma}_z & N\,\mathbb{I} \end{pmatrix} \tag{4.25}$$

其中 $Z_{E_1E_2} = \sqrt{T(N^2-1)}$,符号 $\text{diag}(\cdot)$ 代表对角矩阵。该协方差矩阵的辛本征值可计算为

$$\lambda_{1,2} = \sqrt{\frac{\Delta \mp \sqrt{\Delta^2 - 4D}}{2}} \tag{4.26}$$

其中 $\Delta = V_{E_1}^2 + N^2 - 2Z_{E_1E_2}^2$，$D = (V_{E_1}N - Z_{E_1E_2}^2)^2$。因此，Eve 的 Von Neumann 熵可直接得出，记为

$$S(E) = G\left(\frac{\lambda_1 - 1}{2}\right) + G\left(\frac{\lambda_2 - 1}{2}\right) \qquad (4.27)$$

下面计算反向协调时 Eve 和 Bob 间的 Holevo 信息量。如式(4.17)所示，此时仅需要计算条件熵 $S(E|B)$。首先计算协方差矩阵

$$\boldsymbol{\gamma}_E^{\hat{X}_B} = \boldsymbol{\gamma}_E - \boldsymbol{\sigma}_{E_1E_2B}^{\mathrm{T}}(\boldsymbol{X}\boldsymbol{\gamma}_B\boldsymbol{X})^{MP}\boldsymbol{\sigma}_{E_1E_2B} \qquad (4.28)$$

其中 $\boldsymbol{\sigma}_{E_1E_2B} = (\langle \hat{X}_{E_1}\hat{X}_B \rangle \boldsymbol{I}, \langle \hat{X}_{E_2}\hat{X}_B \rangle \boldsymbol{\sigma}_z) = (Z_{E_1B}\boldsymbol{I}, Z_{E_2B}\boldsymbol{\sigma}_z)$，且 $Z_{E_1B} = \sqrt{T(1-T)}(N-V)$，$Z_{E_2B} = \sqrt{1-T}\sqrt{N^2-1}$。则 $\boldsymbol{\gamma}_E^{\hat{X}_B}$ 可简记为 $\boldsymbol{\gamma}_E^{\hat{X}_B} = \begin{pmatrix} \boldsymbol{F} & \boldsymbol{H}^{\mathrm{T}} \\ \boldsymbol{H} & \boldsymbol{G} \end{pmatrix}$，其中 $\boldsymbol{F} = \mathrm{diag}\left(V_{E_1} - \frac{Z_{E_1B}^2}{V_B}, V_{E_1}\right)$，$\boldsymbol{G} = \mathrm{diag}\left(N - \frac{Z_{E_2B}^2}{V_B}, N\right)$，$\boldsymbol{H} = \mathrm{diag}\left(Z_{E_1E_2} - \frac{Z_{E_1B}Z_{E_2B}}{V_B}, -Z_{E_1E_2}\right)$。则协方差矩阵 $\boldsymbol{\gamma}_E^{\hat{X}_B}$ 的辛本征值可计算为

$$\lambda_{6,7} = \sqrt{\frac{C \mp \sqrt{C^2 - 4D'}}{2}} \qquad (4.29)$$

$C = \det(\boldsymbol{F}) + \det(\boldsymbol{G}) + 2\det(\boldsymbol{H})$，$D' = \det(\boldsymbol{\gamma}_E^{\hat{X}_B})$。$\det(\cdot)$ 代表矩阵的行列式。据此可得条件熵

$$S(E|B) = G\left(\frac{\lambda_6 - 1}{2}\right) + G\left(\frac{\lambda_7 - 1}{2}\right) \qquad (4.30)$$

以及 Holevo 信息量

$$\chi_{BE}(V, T, N) = S(E) - S(E|B) \qquad (4.31)$$

因此，在 Alice 和 Bob 不监控本底光强度的情况下，Eve 可获取的 Holevo 信息量为

$$\chi_{BE}^{\omega} = \chi_{BE}(V, \eta T, 1) \qquad (4.32)$$

分别将式(4.31)和式(4.32)代入式(4.14)和式(4.15)，则可得 Bob 监控和不监控本底光强度时的密钥率，数值模拟显示该密钥率和由前节纯化方法计算的密钥率完全吻合。

4.3.1.3　数值模拟结果

前面研究了反向协调协议下，Eve 攻击本底光的强度，Bob 在监控与不监控的情况下，密钥率 K_{RR} 和 K_{RR}^{ω} 的估算。图 4.2 表示了这些密钥率随信道传输率的

变化关系。当 Eve 控制本底光,使其以不同的强度比例进行波动时,Alice 和 Bob 真实的密钥率将会随信号的透过率的降低而迅速减小。

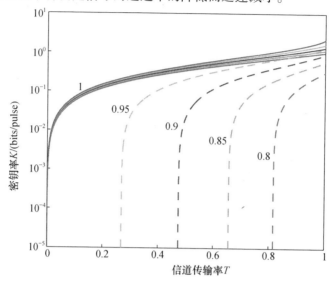

图 4.2　在本底光强度攻击下,反向协调时伪密钥率与真实
密钥率关于信道传输率 T 的变化关系

实线是在不监控本底光强度的情况下 Bob 估计的伪密钥率,虚线是真实密钥率。

各线分别对应的本底光的透过率 η 如图标记所示,这里 Alice 的信号调制方差为 $V_S = 20$。

另外,参考式(4.16),由于 Alice 和 Bob 的互信息在监控与不监控本底光强度的情况下是相等的,式(4.15)减去式(4.14),便可以得到 Eve 所窃取的密钥信息量($K_{RR}^{\omega} - K_{RR}$)。该密钥量画于图 4.3 中。如图 4.3 所示,Eve 通过控制本底光的透过比例,即可从 Alice 和 Bob 手中窃取部分或全部密钥。以 20km 的传输距离为例,令人吃惊的是,当 Bob 不监控本底光时,Eve 仅需衰减 8% 比例的本底光强度或本底光强度仅波动 0.08,就可获取全部密钥而不被发现。可见,本底光强度波动对反向协调协议 CVQKD 系统的安全性影响较大。

4.3.2　正向协调时密钥率的计算

本节研究本底光强度攻击对 CVQKD 正向协调时密钥率的影响。在 Bob 监控与不监控本底光强度的情况下,该密钥率可写为

$$K_{DR} = I_{AB} - \chi_{AE} \tag{4.33}$$

$$K_{DR}^{\omega} = I_{AB}^{\omega} - \chi_{AE}^{\omega} \tag{4.34}$$

注意,前节已经计算了 I_{AB} 与 I_{AB}^{ω},如式(4.16)所示,并且它们在正、反向协调

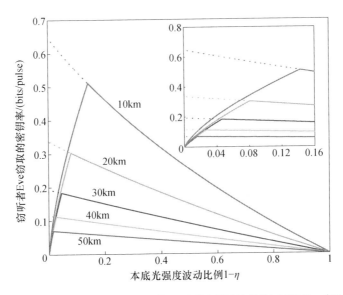

图 4.3 在不同传输距离下,反向协调时伪密钥率(虚线)与被 Eve 窃取的
密钥量(实线)关于本底光强度波动比例 $(1-\eta)$ 的变化关系图

从上到下,各线对应的传输距离如图标记所示,光纤衰减系数为 0.2dB/km。

小图是波动比例 $(1-\eta)$ 在 0 ~ 0.16 之间的放大图。Alice 的信号调制方差 $V_S=20$。

下是相同的。因此接下来只需计算 Eve 所获取的信息量,其大小可表示为

$$\chi_{AE} = S(E) - S(E|A) \tag{4.35}$$

下面同前节一样,分别用两种方法进行计算。

4.3.2.1 纯化计算

在式(4.35)中,利用态纯化方法可得 $S(E)=S(AB)$,这已经在前节计算过了。$S(E|A)=S(BC|A)$ 可如下得到:如图 4.1(a)的 EB 方案所示,在 Alice 对模式 A_0 和 C_0 进行投影测量得到 Q_A 后,系统 BCE 将处在纯态,因此可得。为了计算 $S(BC|A)$,则需要计算协方差矩阵 $\gamma_{BC}^{\hat{X}_A}$ 的辛本征值。$\gamma_{BC}^{\hat{X}_A}$ 可由下式得到

$$\gamma_{BC}^{\hat{X}_A} = \gamma_{BC} - \sigma_{BCA}^T (X\gamma_A X)^{MP} \sigma_{BCA} \tag{4.36}$$

其中 γ_{BC} 和 σ_{BCA} 可由下面的矩阵分解给出:

$$\gamma_{BCA} = \begin{pmatrix} \gamma_{BC} & \sigma_{BCA}^T \\ \sigma_{BCA} & \gamma_A \end{pmatrix} \tag{4.37}$$

该矩阵可由矩阵的初等变换得到[如图 4.1(a)所示][73,100],即

$$\gamma_{ACB} = (S_{A_0C_0}^{BS} \oplus I_B)^T \gamma_{A_0C_0B} (S_{A_0C_0}^{BS} \oplus I_B) \tag{4.38}$$

该矩阵是用一个分束器变换($S^{BS}_{A_0C_0}$)将模式 A_0 和 C_0 进行光学混合,然后对 A 模式进行平衡零拍探测得到。其中 I_B 是单位矩阵。矩阵 $\gamma_{A_0C_0B} = \gamma_{A_0B} \oplus \gamma_{C_0}$,$\gamma_{A_0B}$ 即为式(4.11)中的 γ_{AB},γ_{C_0} 为单位矩阵。因此,综上可得

$$\gamma^{\hat{X}_A}_{BC} = \begin{pmatrix} b - c^2/(a+1) & 0 & \sqrt{2}c/(a+1) & 0 \\ 0 & b & 0 & -c/\sqrt{2} \\ \sqrt{2}c/(a+1) & 0 & 2a/(a+1) & 0 \\ 0 & -c/\sqrt{2} & 0 & (a+1)/2 \end{pmatrix} \tag{4.39}$$

其辛本征值易计算得

$$\lambda_{4,5} = \sqrt{\frac{J \mp \sqrt{J^2 - 4K}}{2}} \tag{4.40}$$

其中 $J = \dfrac{a + bB + A}{a+1}$,$K = \dfrac{B(b+B)}{a+1}$。则 Alice 和 Eve 的 Holevo 信息量可写为

$$\chi_{AE}(V,T,N) = \sum_{i=1}^{2} G\left(\frac{\lambda_i - 1}{2}\right) - \sum_{j=4}^{5} G\left(\frac{\lambda_j - 1}{2}\right) \tag{4.41}$$

$$\chi^{\omega}_{AE} = \chi_{AE}(V, \eta T, 1) \tag{4.42}$$

将式(4.41)和式(4.42)分别代入式(4.33)和式(4.34),即可得到监控与不监控本底光强度两种情况下的密钥率公式。

4.3.2.2 直接计算

由式(4.35)可知,为了计算正向协调时 Alice 和 Eve 的 Holevo 信息量,只需计算条件熵 $S(E|A)$。因此,先计算条件协方差矩阵

$$\gamma^{X_A}_E = \gamma_E(V=1, V) \tag{4.43}$$

其辛本征值为

$$\lambda_{4,5} = \sqrt{\frac{L \mp \sqrt{L^2 - 4M}}{2}} \tag{4.44}$$

其中 $L = V_{E_1|A}V_{E_1} + N^2 - 2Z^2_{E_1E_2}$,$M = (V_{E_1|A}N - Z^2_{E_1E_2})(V_{E_1}N - Z^2_{E_1E_2})$。那么,条件熵

$$S(E|A) = G\left(\frac{\lambda_4 - 1}{2}\right) + G\left(\frac{\lambda_5 - 1}{2}\right) \tag{4.45}$$

将式(4.27)和式(4.45)代入式(4.35)立即可得 Alice 和 Eve 之间的 Holevo 信息量

46

$$\chi_{AE}(V,T,N) = S(E) - S(E|A) \tag{4.46}$$

因此，若 Eve 实施本底光强度攻击，Bob 在没有监控本底光强度的情况下，所估算的 Holevo 信息量可写为

$$\chi_{AE}^{\omega} = \chi_{AE}(V,\eta T,1) \tag{4.47}$$

由式(4.46)和式(4.47)便可分别计算出式(4.33)和式(4.34)中的密钥率。数值模拟结果显示，这些密钥率同样与由纯化方法计算的密钥率完全吻合。因此，这也证明了，无论是正向协调还是反向协调，Eve 实施纠缠克隆攻击都可以达到针对高斯集体攻击使用纯化方法所得出的 Holevo 信息量。

4.3.2.3 数值模拟结果

正向协调时，本底光强度攻击仍然会损害 CVQKD 系统的安全性。如图 4.4 所示，数值结果表明，在不同的 η 下，Bob 监控与不监控本底光强度时的密钥率之差仍然会随信道传输率的减小而增大。

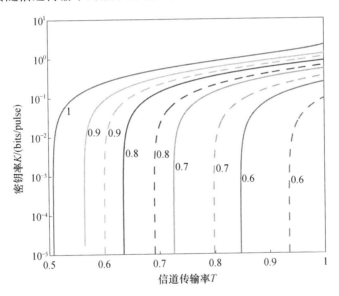

图 4.4 在本底光强度攻击下，正向协调时伪密钥率与
真实密钥率关于信道传输率 T 的变化关系

实线是在不监控本底光强度的情况下 Bob 估计的伪密钥率，虚线是真实密钥率。

各线分别对应的本底光的透过率 η 如图标记所示，这里 Alice 的信号调制方差为 $V_S = 20$。

通过式(4.34)减去式(4.33)，可以得到在 Bob 不监控本底光的情况下 Eve 通过衰减本底光的强度所获取的密钥信息量($K_{DR}^{\omega} - K_{DR}$)。图 4.5 给出了 Bob 所估计的伪密钥率和 Eve 窃取的密钥信息量关于本底光波动比例的变化关系。

显然,对于短距离通信(小于 15km 或在 3dB 极限内),很小的本底光强度波动仍然可以部分或全部掩盖 Eve 对信号光的高斯集体攻击。

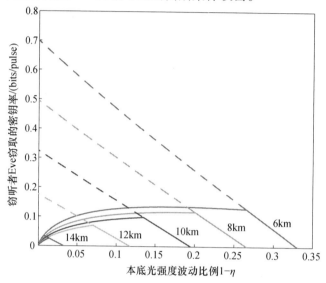

图 4.5　在不同传输距离下,正向协调时伪密钥率(虚线)与被 Eve 窃取的
密钥量(实线)关于本底光强度波动比例(1 − η)的变化关系图
从上到下,各线对应的传输距离如图标记所示,光纤衰减系数为 0.2dB/km。
Alice 的信号调制方差 $V_S = 20$。

注意,在以上密钥率的估算中,总是假设每个本底光脉冲的透过率 η 或衰减率 1 − η 是相同的。然而,对每个脉冲,当 η 不同时(这样 Eve 可以逼真地模拟本底光的波动来隐藏其明显的攻击),只要在所有的脉冲中最大的 η 值小于上述数值模拟的常数值,Eve 仍然可以窃取和上述情况一样多或更多的密钥信息而不被发现。

4.4　开放性问题

由前面分析可知,CVQKD 反向协调协议比正向协调协议对于本底光强度的波动更加敏感,甚至很小的波动或衰减,Eve 即可获取 Alice 和 Bob 拥有的全部密钥而不被发现。这与信道额外噪声对反向协调协议比对正向协调协议影响更大的情况[154]是一致的。当然,当本底光的强度超过初始的校准值时,即 $\eta > 1$,Eve 不能得到任何密钥,且 Alice 和 Bob 还会因高估信道额外噪声而高估 Eve 的窃取信息。然而,当本底光的强度在初始校准值上下波动时,怎样定量 Eve 的窃取信息在本书中仍是一个开放性问题。因为本底光强度波动分布或 η 的分布并不是一个标准分布，而且由于 Eve 可以任意操作，对 Alice 和 Bob 来说，该分布还是未知的。但是在这种情况下，如果 Eve 在降低本底光的同时（$\eta < 1$）增加信号脉冲的信道额外噪声，而在其他情况时（$\eta > 1$）降低信号脉冲的信道额外噪声，即整体情况下使 Alice 和 Bob 估算的信道额外噪声低于真实值，她仍然可以窃取部分密钥而不被发现。

很明显，本底光强度波动为窃听者打开了攻击的后门，特别是在低信道传输率或远距离通信的情况下影响更加明显。因此，在实际的 CVQKD 系统中，接收方必须要仔细监控本底光的强度波动，特别是要用其监控的瞬时值对探测结果进行归一化。当然，如果波动很小的话，接收方为了实验简单还可以用最小的本底光强度值进行归一化，但这样会悲观地低估密钥率，可能会降低量子密钥分发的效率。然而，用本底光的平均值进行归一化仍然是不安全的，这可能会高估密钥率。另外，对远距离通信下的反向协调协议，很小的波动就可能会严重恶化密钥率的安全性，因此这为高精度监控本底光的强度提出了巨大的挑战。

最后指出，在本书中，BHD 的非完美性，如探测效率、电子学噪声、不完全减法等因素并没有被考虑，这可能会使本底光的波动对 Alice 和 Bob 拥有的密钥产生更加严重的影响。另外注意，文献[62]所提出的"校准攻击"和本书提出的本底光强度攻击具有相同的物理思想，这再一次强调了本底光对 CVQKD 实际系统的安全性具有一定的影响。

4.5 本 章 小 结

本章分析了在正反向协调协议下本底光强度波动对 Alice 和 Bob 共享的密钥的影响。令人难以置信的是，如果 Bob 不监控本底光的强度或不以本底光强度的瞬时值对其探测结果进行归一化，或者即使监控却只是像文献[99]那样将波动较大的脉冲扔掉而不做其他处理，则 Bob 可能会严重高估密钥率。此外，本章还显示了 Eve 能够通过降低本底光的强度来部分隐藏其对信号光的攻击，甚至还可以窃取 Alice 和 Bob 拥有的全部密钥而不被发现，这在反向协调协议下尤其如此。最后，本章简单讨论了本底光的监控问题并指出高精度监控本底光强度将会是一个巨大的挑战。

第 5 章　探测器攻击与系统性能增强

在实际的 CVQKD 系统中,一般所使用的平衡零拍探测器(BHD)是非理想的平衡零拍探测器,非理想平衡零拍探测器具有探测效率和电子学噪声等非完美性。在实际的探测过程中,这些非完美性依赖于本底光强度,因此有可能被窃听者利用以窃取部分密钥。本章据此提出了非理想平衡零拍探测器攻击方案,研究了在这种攻击下实际系统的安全性,并针对该攻击提出了有效的防御措施。结果表明,这种防御措施不仅增强了实际系统的安全性,还可以降低对探测器的苛刻要求,并能够进一步提高实际系统的性能。

5.1　概　　述

近年来,国际上连续变量量子密钥分发(CVQKD)取得了一系列重大的进步和发展[125],各种实验演示和光纤系统的搭建使得该领域的研究更加深入并且越来越走向实用化[68,71,73,74,144,151]。2009 年,法国 ThalesResearch&Technology 和 Institut d'Optique/CNRS 小组初步完成了 CVQKD 系统的现场测试[75],验证了系统的可靠性和可集成性,并在 2012 年实现了 Massy 和 Palaiseau 两城市之间 17.7km 点对点的量子保密通信[76]。这是国际上 CVQKD 系统首次接入 QKD 城域网的报道。随后,该小组通过优化系统和改进后处理技术,在 2013 年使得密钥传输距离超过了 80km[77],使 CVQKD 走向实用化迈开了更加坚实的一步。

当前,CVQKD 的安全性理论上已经得到了充分的证明[80,84-86,91,92],但实际系统的安全性依然是研究热点,如非完美性分析[98,99,153]、实际系统安全性漏洞的发现[58-60,62,130,159]等受到广泛关注和研究。在一般的 CVQKD 系统中,通信双方用来分发密钥的载体包含信号光和本底光,信号光用来携带编码信息,本底光作为信号态相位参考用于平衡零拍探测。在文献[99,153]中,本底光被指出是实际系统的薄弱环节,因为它处在 Eve 的控制之下。进一步,在第 4 章,我们也展示了本底光强度波动为窃听者打开了攻击实际系统的后门,微小的波动就会严重恶化实际 CVQKD 系统的安全性。因此,本底光必须要被监控起来,Bob 的探测结果也必须以每个脉冲的本底光强度的瞬时值进行归一化,但这样会进一步使 Bob 的测量过程变得更加复杂起来,不利于高效的密钥分发。

然而,在第 4 章提出的本底光强度攻击方案中,针对的是理想的平衡零拍探测器,但实际的系统中所使用的是非理想或非完美的平衡零拍探测器。非理想的平衡零拍探测器存在探测效率和电子学噪声,这些非完美性依赖于本底光的强度,改变本底光的强度就会改变探测器的信噪比(SNR),从而可能会改变密钥率的计算。因此,本章据此提出了探测器攻击方案,窃听者通过控制本底光的强度即可控制实际平衡零拍探测器的电子学噪声或信噪比,从而改变接收方探测结果,窃取部分密钥。

基于非理想的平衡零拍探测器攻击方案,为了确保实际系统的安全性,本章据此提出了有效的防御措施,即 Bob 主动稳定本底光以抵御 Eve 对本底光强度的攻击。另外,基于该防御系统,本底光还可以反过来被合法通信方利用来增加密钥率。数值结果表明,通过操控本底光,不仅可以增强实际系统对信道额外噪声的容忍度,还可以降低实际探测器的性能指标,即高探测效率、低电子学噪声等。

5.2 实际探测器非完美性分析

在实际的 CVQKD 实验中,非理想 BHD 由探测效率(Detection Efficiency)η和电子学噪声或电噪声(Electronic Noise)N_{el}进行表征。在"实际模型"(Realistic Model[73])中,电子学噪声被当作可信噪声,即窃听者 Eve 不能利用它获取信息,其值要在密钥分发前进行校准。校准时,当没有光输入 BHD 时,其输出结果的测量方差即为电子学噪声的未归一化方差。而归一化电子学噪声方差 N_{el} 是指用本底光强度进行归一化或以散粒噪声为单位进行归一化后的噪声方差,此时归一化散粒噪声方差为 1。因此,在密钥分发时若本底光发生波动,则用本底光瞬时值进行归一化的电子学噪声当然也会随着波动,从而 BHD 的信噪比 SNR(Signal – to – Noise Ratio)就会发生变化[160]。

具体来说,对于一个理想的平衡零拍探测器,如第 4 章公式(4.1)所示,其探测结果可表示为[150,159]

$$\hat{x}_\theta \approx |\alpha_{\text{LO}}|(\hat{x}\cos\theta + \hat{p}\sin\theta) \tag{5.1}$$

式中:α_{LO} 为本底光的幅度;θ 为本底光与信号光的相对相位;$\hat{x}$、$\hat{p}$ 为信号光的两正交分量。正交分量 $\hat{q}_\theta = \hat{x}\cos\theta + \hat{p}\sin\theta$ 可以通过选取不同的 θ 值进行测量,称为旋转正交分量。上述方程描述的平衡零拍探测器即为理想的平衡零拍探测器,满足探测效率为 1、光学衰减可忽略、完美的平衡差分探测,以及信号光与本底光模式完全匹配等理想条件。然而,对实际的非理想平衡零拍探测器,由于存在

各种非完美性,其探测输出结果为[161]

$$\hat{x}_\theta \approx |\sqrt{\eta}\alpha_{LO}|(\sqrt{\eta}\hat{q}_\theta + \sqrt{1-\eta}\hat{x}_N) + \hat{x}_{el} \qquad (5.2)$$

这里 η 为探测效率,则 $1-\eta$ 表示总的光学衰减。$\hat{x}_N$ 表示真空场的正交分量。$\hat{x}_{el}$ 代表 BHD 的探测噪声,当本底光的强度足够大时(典型值为 10^9 光子/脉冲),主要指电子学噪声。假设上述各项或各变量相互独立,则 BHD 探测输出结果的方差可表示为

$$V = \eta|\alpha_{LO}|^2[\eta\langle\hat{q}_\theta^2\rangle + (1-\eta)] + \langle\hat{x}_{el}^2\rangle \qquad (5.3)$$

其中真空噪声方差或散粒噪声方差已归一化为1,即 $\langle\hat{x}_N^2\rangle = 1$。由式(5.3)可知,电子学噪声独立于本底光强度,但在密钥分发中对探测结果进行归一化时,即除以 $|\sqrt{\eta}\alpha_{LO}|$(一般来说,BHD 的探测结果应除以本底光的幅度,或者探测结果的方差以散粒噪声水平或本底光功率为单位,此时散粒噪声方差归一化为1。这是因为信号正交分量的探测是由本底光的放大得到的,探测结果与本底光的幅度成比例,具体关于 BHD 的测量原理可参考文献[150,159,161]或后续章节的叙述),则对所有脉冲测量结果进行统计平均后,电子学噪声方差与本底光强度有关,即

$$N_{el} = \left\langle \frac{\hat{x}_{el}^2}{\eta|\alpha_{LO}|^2} \right\rangle \qquad (5.4)$$

当本底光强度 $|\alpha_{LO}|^2$ 是固定常数时,则在密钥分发前的校准过程中,电子学噪声方差可被校准成一固定常数

$$N_{el} = \frac{\langle\hat{x}_{el}^2\rangle}{\eta|\alpha_{LO}|^2} \qquad (5.5)$$

然而,当本底光强度变化时,N_{el} 也随之改变。以文献[73]中探测器为例,当本底光强度为 10^9 光子/脉冲时,探测效率为 0.606,电子学噪声为 0.041,则 $\langle\hat{x}_{el}^2\rangle = 0.041\eta|\alpha_{LO}|^2$。当信号光为真空态时,即 $\hat{q}_\theta$ 为 $\hat{x}_N$ 时,其方差为散粒噪声水平(Shot Noise Level),此时探测器的信噪比为 13.8dB($10\lg 0.041$)。当本底光强度发生改变时,信噪比也发生改变。假设本底光变为 $|\alpha'_{LO}|^2 = g|\alpha_{LO}|^2$($g$ 为强度比例因子),且每个脉冲的本底光强度变化相同,则信噪比为

$$SNR = \frac{\eta|\alpha'_{LO}|^2}{0.041\eta|\alpha_{LO}|^2} = 13.87g(dB) \qquad (5.6)$$

则当本底光变强时,$g > 1$,信噪比变大,归一化后的电子学噪声变小;当本底光变弱时,$g < 1$,信噪比变小,归一化后的电子学噪声变大。实验上可以测得

散粒噪声、电子学噪声与本底光强度的关系,有兴趣的可参考文献[74,99]。

注意,在密钥分发过程中,当本底光强度波动时,我们无法精确计算电子学噪声方差 N_{el} 的真实值。这是因为,在密钥分发过程中,一方面,式(5.2)中的 $\hat{x}_{el}$ 无法获知(因此时 $|\alpha_{LO}| \neq 0$);另一方面,本底光强度 $|\alpha_{LO}|^2$ 作为一个随机变量也是未知的或不固定的,因为此时本底光强度波动是在 Eve 控制之下,她可以随意进行控制,使得本底光强度分布为任何可能的规则或不规则分布。因此,本底光强度的变化为窃听者打开了窃取密钥的后门,实际非完美平衡零拍探测器的电子学噪声也变成了被攻击的对象。

5.3 非理想探测器攻击

由 5.2 节分析可知,改变本底光的强度可以改变实际非完美 BHD 的信噪比。因此,Eve 仍可通过改变本底光的强度完成对实际探测器的攻击。这是因为,在大多数实验中,针对非完美 BHD,Alice 和 Bob 密钥率的计算采用的大多是称为"实际模型"的计算方法,即把归一化的电子学噪声作为可信的噪声而不是作为信道额外噪声进行计算。可信噪声,如引言中所说,是指 Eve 并不能控制以获取信息或并不是由于 Eve 窃听而引入的噪声。然而归一化的电子学噪声与本底光的强度有关,本底光的强度却可以由 Eve 控制。因此,Bob 如果对归一化的电子学噪声估计不准确,就会掩盖部分信道额外噪声,从而高估密钥率。下面首先描述探测器攻击方案,之后分析在这种攻击下实际系统的安全性。

5.3.1 攻击方案描述

利用探测器非完美性漏洞,具体来说,Eve 可以采用以下步骤对采用"实际模型"的 CVQKD 实际系统进行攻击:

(1)用两根无损光纤取代 Alice 和 Bob 实际的量子信道(有损有噪光纤),一根用来传输 Alice 发送的信号光,并用一个完美的分束器控制其透过率 T;另一根传输 Alice 端与信号光同时发送的本底光,并用另一个完美的分束器或放大器控制本底光的强度,但不改变其相位。本底光强度放大或缩小的比例为 g。

(2)分别对信号光与本底光采用不同的攻击方式。信号光:纠缠克隆攻击或高斯集体攻击。本底光:对每个脉冲的本底光强度进行放大,且放大比例不同,参考基准是 Alice 和 Bob 初始校准的本底光强度,也可以用衰减方式等效实现,即把 Alice 和 Bob 初始的本底光强度衰减到他们的校准值,然后在 Alice 和 Bob 进行密钥分发时控制衰减比例,使每个脉冲的强度值高于校准值。

该攻击方式称为非理想平衡零拍探测器攻击,通过增强本底光的强度以增大 BHD 的信噪比,从而降低归一化后的电子学噪声。对每个脉冲的放大比例不同,是为了模拟本底光的波动以掩藏窃听者明显的攻击痕迹,并使 Bob 无法进行实时校准,只能采用瞬时值对其探测结果进行归一化。在这种情况下,由于 g 值不同,因此 Bob 无法知道 BHD 的信噪比,只能用校准值进行计算,从而对实际的电子学噪声估计不准确,有可能隐藏部分信道额外噪声,从而高估密钥率,Eve 就可以窃取部分密钥。下节将对此进行定量的计算。

5.3.2 安全性分析

一般对实际的非理想 BHD,密钥率计算采用的是"实际模型",如前面所说,即把电子学噪声看作是可信噪声。而对于非理想 BHD,探测效率及电子学噪声可由图 5.1 描述。

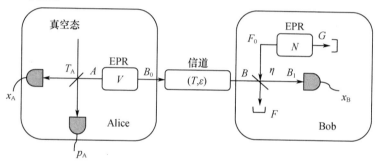

图 5.1　非理想平衡零拍探测器纠缠等价模型

Bob 的测量由一分束器跟随一个理想的平衡零拍探测器表征,分束器的透过率 η 表征探测效率,电子学噪声由一个 EPR 态的一个模式即热态从分束器另一端口进入和信号光干涉表征。电子学噪声方差 N_{el} 与热态的方差 N 满足 $N_e = (1-\eta)(N-1)$。

非完美 BHD 可由分束器后跟一个理想的 BHD 模型进行表征。分束器的透过率 η 描述探测效率,经由分束器另一端口进入的热态模式 F_0 描述探测器的电子学噪声。该热态模式来源于 EPR 态的一个模式,其正交分量的方差为 N,与电子学噪声方差的关系为 $N_{el} = (1-\eta)(N-1)$。Alice 端是与实验上制备和测量(PM)方案等价的纠缠(EB)方案[73,74],即 Alice 根据高斯分布通过相位调制器和幅度调制器调制制备一系列相干态发送给 Bob,等价于 Alice 与 Bob 对各自拥有的纠缠态 EPR 态的一个模式分别进行测量。Alice 对其拥有的 EPR 态的一个模式进行差分测量,便将 Bob 的模式投影到一系列相干态。在 EB 方案中,Alice 和 Bob 的密钥率即可在正反向协调两种协议下进行严格的计算。

5.3.2.1 正向协调协议

正向协调协议下,密钥率公式为

$$K_{DR} = \beta I_{AB} - \chi_{AE} \tag{5.7}$$

式中:β 为数据后处理的协调效率,这里为了分析简单取为 1;I_{AB} 为 Alice 与 Bob 经典相关数据的 Shannon 互信息,即

$$I_{AB} = \frac{1}{2}\log_2 \frac{\eta V_B + (1-\eta)N}{\eta V_{B|A} + (1-\eta)N} = \frac{1}{2}\log_2 \frac{V + \chi_T}{1 + \chi_T} \tag{5.8}$$

$V_B = T(V + \chi_C)$ 为 Bob 接收的模式 B 的方差,$V_{B|A} = T(1 + \chi_C)$ 为模式 B 关于 Alice 模式的条件方差,V 为 Alice 的 EPR 模式的方差,$\chi_C = (1 - T)/T + \varepsilon$ 为信道添加的总噪声,且以信道输入为参考。T 为信道传输率或透过率,ε 为信道额外噪声。以信道输入为参考,$\chi_T = \chi_C + \chi_D/T$ 为信道及探测器添加的总噪声。以探测器的输入为参考,$\chi_D = (1 - \eta)/\eta + N_{el}/\eta$ 为 BHD 添加的总噪声,其中 $(1 - \eta)/\eta$ 表征探测效率引入的等价的噪声。以上参数如图 5.1 所示。

Alice 与 Eve 的互信息即 Holevo 信息量可由下式给出(参考第 2、4 章相应计算公式)

$$\chi_{AE} = S(E) - S(E|A) \tag{5.9}$$

其中 $S(E) = S(AB)$ 由 Alice 和 Bob 的协方差矩阵计算给出,该协方差矩阵可写为

$$\gamma_{AB} = \begin{pmatrix} a\,\mathbb{I} & c\boldsymbol{\sigma}_Z \\ c\boldsymbol{\sigma}_Z & b\,\mathbb{I} \end{pmatrix} \tag{5.10}$$

其中 $a = V$,$b = V_B = T(V + \chi_C)$,$c = \sqrt{T(V^2 - 1)}$。因此

$$S(AB) = G\left(\frac{\lambda_1 - 1}{2}\right) + G\left(\frac{\lambda_2 - 1}{2}\right) \tag{5.11}$$

其中 $G(x) = (x + 1)\log_2(x + 1) - x\log_2 x$ 为热态的 Von Neumann 熵,$\lambda_{1,2}$ 为协方差矩阵 γ_{AB} 的辛本征值,可由下式得出

$$\lambda_{1,2} = \sqrt{\frac{\Delta \mp \sqrt{\Delta^2 - 4D^2}}{2}} \tag{5.12}$$

其中 $\Delta = a^2 + b^2 - 2c^2$,$D = ab - c^2$。条件熵 $S(E|A) = S(BC|A)$ 已经由前面第 4 章相应公式计算得出。

5.3.2.2 反向协调协议

反向协调协议下,密钥率公式为

$$K_{RR} = \beta I_{AB} - \chi_{BE} \tag{5.13}$$

I_{AB} 即为 Alice 与 Bob 经典相关数据的 Shannon 互信息,已由式(5.8)给出,与正向协调协议下 Alice 和 Bob 的互信息相同。Eve 和 Bob 的互信息即 Holevo 边界可由下式给出

$$\chi_{BE} = S(E) - S(E|B) \tag{5.14}$$

其中 $S(E) = S(AB)$ 已由式(5.11)给出。$S(E|B) = S(AFG|B)$ 由协方差矩阵 $\boldsymbol{\gamma}_{AFG}^{x_B}$ 的辛本征值计算给出。该协方差矩阵可由下式求出

$$\boldsymbol{\gamma}_{AFG}^{x_B} = \boldsymbol{\gamma}_{AFG} - \boldsymbol{\sigma}_{AFG;B_1}^T (X \boldsymbol{\gamma}_{B_1} X)^{MP} \boldsymbol{\sigma}_{AFG;B_1} \tag{5.15}$$

其中 $X = \begin{pmatrix} 1 & 0 \\ 0 & 0 \end{pmatrix}$,MP 指矩阵的 Moore Penrose 逆。矩阵 $\boldsymbol{\sigma}_{AFG;B_1}$ 由下面的矩阵分解给出

$$\boldsymbol{\gamma}_{AFGB_1} = \begin{pmatrix} \boldsymbol{\gamma}_{AFG} & \boldsymbol{\sigma}_{AFG;B_1}^T \\ \boldsymbol{\sigma}_{AFG;B_1} & \boldsymbol{\gamma}_{B_1} \end{pmatrix} \tag{5.16}$$

该矩阵可由下面的矩阵进行初等的行列变换得到

$$\boldsymbol{\gamma}_{AB_1FG} = \boldsymbol{Y}^T [\boldsymbol{\gamma}_{AB} \oplus \boldsymbol{\gamma}_{F_0G}] \boldsymbol{Y} \tag{5.17}$$

其中 $\boldsymbol{Y} = (\boldsymbol{I}_A \oplus \boldsymbol{S}_{BF_0}^{BF} \oplus \boldsymbol{I}_G)$,$\boldsymbol{I}_A$、$\boldsymbol{I}_G$ 为单位矩阵。上述矩阵是对系统 B 与 F_0 进行分束器变换 $\boldsymbol{S}_{BF_0}^{BF}$ 而得到,如图 5.1 所示。经过计算,可得协方差矩阵 $\boldsymbol{\gamma}_{AFG}^{x_B}$ 的辛本征值为

$$\lambda_{3,4} = \sqrt{\frac{A \mp \sqrt{A^2 - 4B}}{2}} \tag{5.18}$$

其中 A、B 由下式给出

$$A = \frac{1}{b + \chi_D} [b + aD + \chi_D \Delta]$$
$$B = \frac{D}{b + \chi_D} [a + \chi_D D] \tag{5.19}$$

另一本征值为 1,因此,条件熵 $S(AFG|B) = G[(\lambda_3 - 1)/2] + G[(\lambda_4 - 1)/2]$。

5.3.2.3 数值模拟结果

由 5.2 节分析可知,增强本底光的强度可以提高非理想 BHD 的信噪比或降低归一化的电子学噪声。如果 Bob 将电子学噪声作为可信噪声,即采用"实际

模型"计算密钥率,则电子学噪声的降低可以改变密钥率的大小。如图 5.2 所示,正反向协调协议下,电子学噪声的降低对密钥率影响有所不同。正向协调下,以 Alice 的数据为参考,将其看作粗密钥,数据协调使 Bob 的数据与 Alice 的相同,故 Bob 端探测器噪声的改变对窃听者窃取的信息没有任何影响,即不改变 Alice 与 Eve 的互信息或 Holevo 边界,只影响 Alice 与 Bob 的互信息。所以,电子学噪声的降低可以增加 Alice 与 Bob 的互信息,从而增加部分密钥率。然而,在反向协调协议下,Bob 的数据被当作粗密钥,数据协调使 Alice 的数据与 Bob 的相同,故 Bob 端探测器噪声的改变会改变 Bob 的探测结果,从而对 Alice 和 Eve 的信息估计都有影响,经计算当探测器电子学噪声降低时,Alice 与 Bob 的密钥率几乎不变,如图 5.2(b)所示。

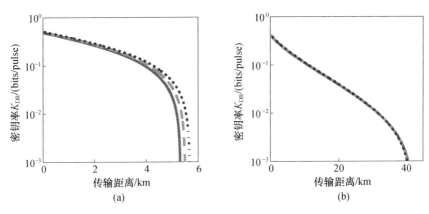

图 5.2   正反向协调协议下探测器(BHD)的电子学噪声降低对密钥率的影响
(a)正向协调,探测器电子学噪声降低,密钥率升高,Eve 与 Alice 的 Holevo 信息量与
电子学噪声无关;(b)反向协调,密钥率随着电子学噪声的降低几乎不变,
Eve 和 Bob 的 Holevo 信息量与电噪声有关。
实线、虚线、点线对应的电子学噪声方差 N_{el} 分别为 0.041、0.02、0,此时信道额外噪声
方差 $\varepsilon = 0.2$(所有方差均以散粒噪声为单位),信道衰减系数为 0.2dB/km。

由于采用"实际模型"计算密钥率,电子学噪声当作可信噪声处理,故其对密钥率的计算影响不大。然而,当 Eve 执行本底光强度攻击(LOIA)时,如前面第 4 章分析可知,很小的本底光强度的衰减,Eve 即可获取部分或全部密钥而不被发现,特别是 Eve 对本底光每个脉冲的衰减是可变衰减时,Bob 便无法进行恒定的校准,因此每个脉冲的测量值都应以本底光的瞬时值进行归一化,这样即可避免本底光强度攻击。然而,此时,Eve 可以实施探测器攻击,即 Eve 对每个脉冲的本底光强度进行可变放大,这样即可降低探测器的信噪比,从而降低归一化后的电子学噪声,而归一化的电子学噪声在本底光波动时是无法精确计算的,只

能用密钥分发前的校准值计算,但这样却会隐藏部分信道额外噪声。如前面分析可知,以信道输入为参考,Alice 与 Bob 进行参数估计时,其总噪声可表示为

$$\chi_{\mathrm{T}} = \frac{1-T}{T} + \varepsilon + \frac{1}{T}\left(\frac{1-\eta}{\eta} + \frac{N_{\mathrm{el}}}{\eta}\right) = \frac{1-\eta T}{\eta T} + \varepsilon + \frac{N_{\mathrm{el}}}{\eta T} \qquad (5.20)$$

从式(5.20)可以看出,归一化后的电子学噪声的降低可以掩盖部分信道额外噪声。假设每个脉冲的本底光强度放大比例相同,比例因子都为 g,如果总噪声保持不变,使得 Eve 的攻击可以不被明显发现,则实际的信道额外噪声应为 $\varepsilon + \frac{N_{\mathrm{el}}}{\eta T}\left(1-\frac{1}{g}\right)$ [由式(5.4)可知,当本底光强度增大 g 倍时,归一化后的电子学噪声降低为 N_{el}/g]。这样 Eve 可以窃取部分密钥而不被发现,或者说 Alice 与 Bob 高估了自己的密钥,数值计算结果如图 5.3 与 5.4 所示。

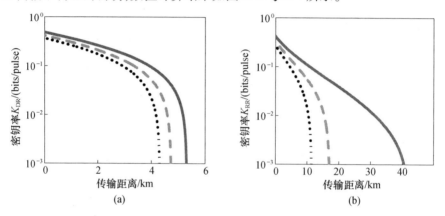

图 5.3　探测器攻击下正反向协调协议密钥率随距离的变化图

(a)正向协调;(b)反向协调。实线为探测器攻击下 Bob 估计的密钥率,此时信道额外噪声 ε 与探测器电子学噪声 N_{el} 分别为 0.2、0.041;虚线是探测器攻击下真实的密钥率,此时信道额外噪声与探测器电子学噪声分别为 $0.2 + 0.0205/(\eta T)$、0.0205,但 Bob 仍估计为 0.2、0.041;点线对应的信道额外噪声与探测器电子学噪声分别为 $0.2 + 0.0369/(10\eta T)$、0.0041,Bob 仍估计为 0.2、0.041。后两种情况 Bob 显然会高估密钥率。$\eta = 0.606$ 为 BHD 的探测效率,BHD 的性能参数取自文献[73]。Alice 的模式方差为 $V=40$。信道衰减系数为 0.2dB/km,且其传输率为 $T = 10^{-0.2d/10}$,d 为传输距离。虚线与点线分别对应本底光放大比率 $g=2、10$。

图 5.3 数值模拟了正反向协调协议下,Eve 实施探测器攻击时 Alice 和 Bob 的密钥率随传输距离的变化关系。当 Eve 执行探测器攻击时,电子学噪声的降低可以让 Eve 窃取部分密钥,图 5.3 分别画出了当本底光的强度分别放大 2 倍和 10 倍时,即电子学噪声分别降低为初始值的 1/2 与 1/10 时,真实的密钥率与 Bob 估计的密钥率的关系图。由于反向协调协议下密钥率的计算对信道额外噪

声更加敏感,因此在这种攻击下,Eve 将获取更多的密钥信息量。Bob 估计的密钥率减去真实的密钥率即为 Eve 窃取的密钥量,如图 5.4 所示。

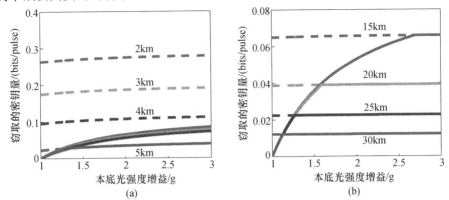

图 5.4　不同传输距离下窃听者实施探测器攻击窃取的
密钥量与本底光强度增益的关系图

(a)正向协调,从上到下传输距离分别为 2km、3km、4km、5km;(b)反向协调,
从上到下传输距离分别为 15km、20km、25km、30km。
虚线为 Bob 估计的密钥率,实线为 Eve 窃取的密钥量,信道额外噪声 $\varepsilon = 0.2$,
信道衰减系数为 0.2dB/km,Alice 的模式方差 $V = 40$。

图 5.4 数值模拟了不同传输距离下窃听者 Eve 实施探测器攻击窃取的密钥量与本底光强度增益的关系图。反向协调下 Eve 实施探测器攻击仍然比正向协调下获取的密钥量相对较多,这在前面已有分析。反向协调是实际 CVQKD 光纤系统普遍采用的数据协调方法,对于远距离传输,当 Eve 实施探测器攻击时,本底光的强度略微增大时,Eve 即可窃取全部密钥,这对实际系统的安全性影响较大,特别是信道额外噪声较大时,影响更大。

为应对该种攻击,Alice 和 Bob 可以将电子学噪声作为非可信的噪声,即信道额外噪声来计算密钥率,但这样会大大降低密钥率,也同时降低了密钥分发的效率。因此,比较可行的办法是对每个脉冲的本底光强度值进行精确的监控,去除波动较大的脉冲,只保留波动较小的脉冲,即本底光强度值在校准值附近的脉冲,然后选择最大的本底光强度对电子学噪声进行归一化,得到较小的归一化电子学噪声作为可信的电子学噪声,从而计算密钥率。但这样仍会降低密钥分发的效率,下节将会给出比较有效的防御措施。

5.4　防御方案及性能增强

由前面的分析可知,本底光的波动和信道额外噪声是影响实际非理想 BHD

安全性和性能的两个关键因素。然而,在实际的 CVQKD 实验中,它们是非常小的物理量。因此,电子学噪声的改变也非常小,从而对密钥率的影响也非常小。但是,在这种情况下,正如 5.3 节所说,较大波动的本底光脉冲必须被舍弃掉,因为大的强度波动会大大地改变 BHD 的信噪比,从而影响安全性,这样做的代价便是降低密钥分发的效率。注意到,信道额外噪声总是处在 Eve 的控制之下的,因此如果 Eve 实施以上攻击方案,若使用本底光的瞬时值对探测结果进行归一化,本底光的波动仍然会影响安全性。然而,如果 Bob 在探测之前能够稳定住本底光,则上述问题可以被自动解决。下面,我们给出防御方案,并展示这种防御方案的特殊功能。

5.4.1 防御方案描述

图 5.5 给出了稳定每个本底光脉冲强度的装置示意图。装置由一个非对称的分束器和一个可变衰减器或放大器组成,为了相对实施简单,该衰减器或放大器可由透过率可调的分束器代替。非对称分束器分出一小部分本底光进行监控和测量,之后根据测量结果,将本底光强度进行放大或缩小,从而将每个本底光脉冲强度稳定成一恒定值。该过程是一个前馈过程,因此,通过延长非对称分束器和衰减/放大器之间的光纤,可以匹配本底光监控、测量和调节时所需要的处理时间,即该装置用目前已知的技术是可以实验实现的。

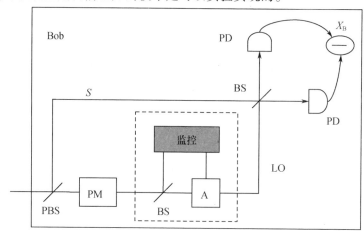

图 5.5　本底光强度稳定装置示意图

其构成原理为:通过一非对称分束器分出一小部分本底光,进行监控并测量其强度值,
然后使用一个可变衰减或放大器对每个本底光脉冲进行衰减或放大,从而将它们稳定
在初始的校准值上。PBS:偏振分束器;PM:相位调制器,用来选择测量信号光的 $\hat{x}$ 或 $\hat{p}$ 分量;
BS:非对称分束器;A:可变衰减或放大器;PD:光电探测器。
虚线框示意描述本底光强度调节和稳定模块。

在零拍探测前,当本底光每个脉冲强度都和校准值相同或在一个极其小的范围内波动时,实际系统的安全性是可以得到保证的,Eve 对本底光的攻击也是可以被避免的。另外,利用该装置,我们还可以调节本底光的强度,使其为任一允许的常数值,这样 BHD 的信噪比可以被调节成一个需要的值,或者说 BHD 的信噪比可以在一个范围内变动,下面将会看到这会为 CVQKD 系统带来一些优势。

5.4.2　性能和安全性增强

5.2 节提到,改变本底光的强度可以改变实际 BHD 的信噪比[160],而这可能会增强实际系统对信道额外噪声的容忍度。这是因为,在实际的具有噪声信道的系统中,向数据协调的参考方数据增加一些经典的或量子的噪声,可以增加密钥率,这个现象无论是在离散变量还是连续变量 QKD 协议都是存在的,详情可参考文献[82,100,107-111]。特别是在文献[110],García-Patrn 和 Cerf 提出了一种基于压缩态编码和差分测量的新的 CVQKD 协议,该协议等价于基于压缩态编码与零拍测量协议,但要在 Bob 端添加一些噪声。该添加噪声,作为可信噪声,可以使协议更能容忍信道额外噪声。因为,这些噪声对 Eve 来说相比于 Alice 和 Bob 更加有害,会大大增加其数据的不确定性,从而降低其窃取的 Holevo 信息量。同时,文献[110]也指出,在基于压缩态和零拍探测协议中,对于一个固定的信道额外噪声,在数据协调的参考方存在一个最优的添加噪声。下面将会看到,对于相干态和零拍探测协议,类似情况同样存在。

因此,在噪声信道的相干态 CVQKD 实验中,可以在 Bob 端的零拍探测中添加一些高斯噪声来增加密钥率,从而增强实际系统的性能。如图 5.6 所示,噪声零拍探测协议会大大地增强实际系统对信道额外噪声的容忍度。图中分别给出了不同协议下可容忍的信道额外噪声与信道衰减的关系曲线。由图可见,相干态噪声零拍探测协议对信道额外噪声的容忍度要大大高于基于相干态编码的完美零拍探测或差分探测协议,尽管远远不及压缩态噪声零拍探测协议,但这足以说明了噪声零拍探测对实际系统性能增强的优越性。

为了进一步探讨噪声零拍探测的优势,图 5.7(a)给出了不同相干态协议下的密钥率关于信道衰减的关系曲线图。由图可见,对于更高的信道衰减或更远的传输距离,噪声零拍探测协议的密钥率要远远高于完美的零拍探测协议及差分探测协议。这对噪声信道来说,噪声零拍探测无疑具有明显优势。这里,噪声零拍探测协议反向协调时的密钥率由第 5.3.2.2 小节给出,完美的零拍和差分探测协议反向协调时密钥率的计算可用标准方法得到(见第 2 章或参考文献[100])。

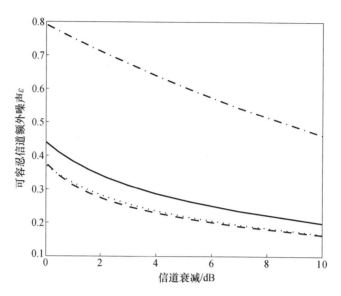

图5.6　不同协议下可容忍的信道额外噪声 ε 与信道衰减的关系图

实线为相干态噪声零拍探测协议,虚线为相干态完美的零拍探测协议,点线为相干态差分探测协议,
而点虚线为用来做对比的文献[110]所提出的压缩态噪声零拍探测协议。所有协议数据协调方式
均为反向协调,且 Alice 的模式方差 $V = 40$(所有方差均以散粒噪声为单位)。

图5.7(b)实线给出了,在固定的信道额外噪声 $\varepsilon = 0.25$ 下,最优的高斯噪声与信道衰减之间的关系。正如文献[110]所说,该噪声可由三种方法实现,或者说可由三种物理过程进行模拟,如图5.1所示。即,①非理想零拍探测,探测效率为 η,电子学噪声为 $N_{el} = (1 - \eta)(N - 1)$(可参考文献[73,74]);②完美的零拍探测后添加经典的噪声[100],或探测前添加量子噪声,噪声方差为 $\chi_D = (1 - \eta)N/\eta$;③给定相同的 $\chi_D = (1 - \eta)N/\eta$ 时前两种情况的任意组合。通过添加高斯噪声,噪声零拍探测协议即可增强信道额外噪声的容忍度,这已在前面说过。对于实际的 BHD,为了实现最优高斯噪声的添加,在图5.7(b)中,同时画出了,在给定探测效率 $\eta = 0.606$(以文献[73]BHD 参数为例)的情况下,对应的电子学噪声。这就是说,对于实际的 CVQKD 实验,在某些情况下,电子学噪声可能是有益的,即可以用来增加密钥率。文献[110]指出,除了使用随机数发生器来产生噪声 χ_D 外,Bob 可以通过调节探测效率来等效地添加噪声。然而,在本书中,我们指出 Bob 还可以通过调节电子学噪声来实现上述过程,或者同时调节探测效率或电子学噪声来匹配最优的添加噪声 χ_D。

如前文分析,调节本底光的强度,可以调节 BHD 的信噪比或归一化电子学噪声。因此为了添加最优的高斯噪声,可以调节本底光的强度。如图5.7(b)粗

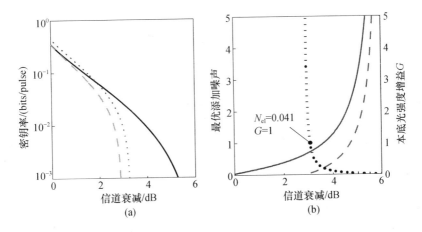

图 5.7　噪声零拍探测协议性能图及最优的添加噪声

（a）反向协调下密钥率与信道衰减的关系图。信道额外噪声固定为 $\varepsilon = 0.25$。
实线为相干态最优的噪声零拍探测协议，虚线为相干态完美的零拍探测协议，
而点线为相干态差分探测协议。（b）左边纵轴为 Bob 端数据最优的添加噪声与信道
衰减的关系图（实线），虚线为对应的最优的电噪声。右边纵轴，粗实点线为
本底光的强度增益，对应最优的电噪声，对应公式为 $N_{el} = \langle \hat{x}_{el}^2 \rangle / (\eta G |\alpha_{LO}|^2)$。
其中 $\eta = 0.606$。由箭头指示的黑色圆点表示，当 $N_{el} = 0.041$ 时，$G = 1$。

点线所示，对应最优的电子学噪声，存在相应的本底光强度增益 G。此时，当电子学噪声为 0.041 时，增益选为 $G = 1$，如黑色圆点所示。然而，若本底光强度过高，实际的 BHD 可能会饱和而不能正常工作，但降低一个数量级的电子学噪声（即 $N_{el} \geqslant 0.0041$，$G \leqslant 10$），目前的实验设备还是可以达到的[73,74,99]。但在这种情况下，要非常小心，因为 Eve 可能会实施"探测器饱和攻击"[54]。因此，此时应仔细监控 Bob 探测数据的平均值来避免这种攻击，详情可参考文献[54]。在这种意义下，增强本底光的强度所带来的优势可能是有限的。

相比之下，对于更低的本底光强度区域，BHD 的噪声可能高于图 5.7（b）所示的噪声，这是因为在 BHD 中除了电子学噪声外还存在其他 Eve 不能控制的额外噪声。也就是说，当本底光的强度并不足够强时，其信噪比与本底光强度并不成线性关系，但是其他额外噪声仍然可以被当作可信噪声。因此，通过图 5.5 所示的装置，在密钥分发前的校准过程中，总是可以调节本底光的强度，在一定范围内获得最优的可信高斯噪声添加到探测结果中，从而增强实际系统的性能。此时，再将本底光强度稳定在固定值，便可在密钥分发过程中避免 Eve 对本底光的攻击。尽管这种调节只能在有限的范围内提高性能，但在实际实验中仍然值得验证。

5.5 开放性问题

由前面分析可知,当 Bob 监控本底光且以每个脉冲的本底光的瞬时强度值对探测结果进行归一化时,Eve 可以实施探测器攻击窃取部分或全部密钥。该攻击方式针对的是实际的非完美探测器存在探测器电子学噪声漏洞而实施的。本底光的改变可以改变探测器的信噪比,从而改变探测结果中归一化的电子学噪声的大小。

如果每个脉冲的本底光强度值改变不一样,归一化后的电子学噪声是无法精确计算的。因此探测器"实际模型"中可信的电子学噪声处理方式即成为窃听者窃取密钥的漏洞。窃听者通过可变地增强每个脉冲的本底光强度值,便可窃取部分密钥,特别是对于长距离传输,微小的放大即可获取全部密钥。

然而,探测器攻击与前章提出的本底光强度攻击具有一定的相似性,这两种攻击方式既有区别又有联系。相同点都是利用本底光波动的漏洞掩盖其明显的攻击痕迹,都是通过改变本底光的强度进行攻击。但两者不同的是:本底光强度攻击是窃听者 Eve 尽量降低本底光的强度以窃取部分或全部密钥,而探测器攻击是窃听者 Eve 尽量增强本底光的强度来窃取部分或全部密钥,且探测器攻击是建立在 Bob 以每个脉冲的本底光的瞬时强度值对探测结果进行归一化的前提下的,即只有 Bob 对本底光强度攻击采取应对措施对探测结果进行瞬时归一化时,探测器攻击才能攻击成功,而且 Alice 与 Bob 密钥率的计算关于探测器必须采用"实际模型"来进行计算。可见,探测器攻击是建立在本底光强度攻击基础上的,且攻击成功的前提条件较多,表 5.1 对这两种攻击方案的区别和联系进行了归纳和总结,以便更深入地理解这两种攻击方案的原理和应用范围。

表 5.1 非完美探测器攻击方案与本底光强度攻击方案比较

	非完美探测器攻击方案	本底光强度攻击
攻击前提	测量结果瞬时归一化且电子学噪声按"实际模型"处理	测量结果以初始校准值归一化,探测器电子学噪声较小
攻击手段	增强本底光强度	降低本底光强度
攻击漏洞	非完美探测器电子学噪声	探测器测量结果归一化
攻击原理	降低归一化的电子学噪声	降低信道额外噪声的估计
适用协议	正反向协调协议	正反向协调协议
最佳攻击	长距离反向协调	长距离反向协调
隐藏方式	本底光波动	本底光波动

	非完美探测器攻击方案	本底光强度攻击
本底光变化	放大比例大	衰减比例小
窃取密钥	部分或全部窃取	部分或全部窃取
应用范围	探测器电子学噪声较大	探测器电子学噪声较小
补救措施	不采用"理想模型"	探测结果瞬时归一化

由表 5.1 可以看出,非完美探测器攻击是针对实际系统所使用的平衡零拍探测器存在电子学噪声的漏洞而进行攻击的,攻击手段仍然是通过改变本度光的强度以降低归一化的电子学噪声,从而隐藏信道额外噪声来实现的。这与本底光强度攻击方式是一样的,但对本底光的改变是不一样的,本底光强度攻击是尽量降低本底光的强度使其低于初始值,而探测器攻击是尽量增强本底光的强度使其高于初始值,从而使实际的归一化的电子学噪声低于校准值,从而达到隐藏信道额外噪声的目的。

两种方案本质上都是为了隐藏信道额外噪声,从而达到窃取密钥而不被发现的目的。而且两种方案对本底光改变的幅度也不相同,探测器攻击要对本底光放大的比例较大才能窃取全部密钥,而本底光强度攻击对本底光的衰减比例很小即可窃取全部密钥。这是因为,一般探测器电子学噪声很小,能够对信道额外噪声的隐藏也较小。

另外,当使用图 5.5 所示的本底光稳定装置时,上述两种攻击方式即可被消除。与此同时,如果能够放大本底光脉冲强度而又不引入相位噪声,则发送端发出的本底光强度可以适当变小,从而降低本底光与信号光在同一根光纤传输时的串扰。这样,串扰所引起的信道额外噪声就可以被显著降低,实际系统的性能将会得到进一步增强。此外,一般的放大器或衰减器可能会引入一些相位无关的噪声,此噪声也可以被精确测量,从而被当作可信噪声。但在这种情况下,要仔细选择器件,以防止引入的噪声超过最优的添加噪声。

对于 CVQKD 外场测试,一般来说,信道额外噪声大多高于实验室测试值,而且本底光的强度波动也比较显著。因此,前文所提出的本底光稳定系统对此情况将显得非常适用。另外,既然电子学噪声对于 CVQKD 反向协调协议有益,则在很高的信道额外噪声的情况下,实际 BHD 的性能指标可以大大降低,即不需要很高的探测效率和很低的电子学噪声。换句话说,实际的 BHD 的信噪比应匹配于信道额外噪声,反向协调协议才可能获得最佳性能。这可以通过调节本底光的强度以及探测器的探测效率在一定范围内实现,但对于较低的信道额外噪声,其优势将不再那么明显。

然而,本书仍然存在两个开放性的问题需要讨论和解决。首先,上述实验装置只是理论方案,需要当前的设备和技术进行实验验证。然而,稳定每个脉冲到一个常数水平,可能是一个巨大的挑战,因此,寻求更好的方法将会显得很有意义。其次,虽然电子学噪声可以在一定程度上增加密钥率,但当归一化的电子学噪声接近于散粒噪声水平时,BHD 的探测结果是否还有效是值得探讨的事情,此时信号淹没在噪声中,提取也将会变得非常困难,具体情况仍需要实验验证。

5.6　本 章 小 结

本章详细分析了本底光的强度波动对实际平衡零拍探测器的影响,窃听者可以利用实际探测器存在电子学噪声的漏洞实施非理想 BHD 攻击,即通过可变地增强每个脉冲的本底光强度值来降低探测器归一化后的电子学噪声,从而达到隐藏部分信道额外噪声窃取部分或全部密钥的目的。为应对该种攻击,本书提出了有效的防御方案,通过稳定本底光强度,使其恒定,便可避免此类攻击。另外,本章还研究了高斯噪声对 CVQKD 反向协调协议密钥率的影响,发现调节本底光的强度可以改变 BHD 的信噪比,从而可以增加密钥率。因此,实际 CVQKD 系统的安全性便可得到增强,特别是集成在城域网内的系统具有很高的信道额外噪声以及显著的本底光强度波动,如果采用本底光稳定装置,其性能和安全性将会得到大大的改善。

第6章　连续变量测量设备无关协议

本章主要介绍连续变量测量设备无关量子密钥分发协议(Continuous - Variable Measurement - Device - Independent Quantum Key Distribution, CV MDI QKD)。首先介绍协议提出的背景和动机,接着描述具体的协议方案,并针对该方案在单模攻击的情况下进行安全性证明,给出密钥率计算公式;然后讨论非马尔可夫存储高斯信道下,即双模攻击下协议的安全性,并给出严格的数学证明;最后,将该协议安全性证明方法和结果推广应用到非可信节点量子网络,为安全的网络通信奠定基础。

6.1　概　　述

随着 QKD 的发展,实际系统的安全性越来越受到人们的普遍关注和重视。理论上,QKD 可以提供无条件安全,这一点可由量子物理原理保证。但实际上,在 QKD 实验实施的过程中,正如前文所说,安全性证明模型中的一些假设条件并不能被完全满足,因此实际系统就不可避免地存在一些潜在的安全性漏洞。利用这些安全性漏洞,窃听者可以成功实施黑客攻击,从而窃取部分或全部密钥。这极大地促进了人们对 QKD 的现实安全性的深入思考。为了缩小 QKD 理论和实际的差距,目前已经提出了很多解决方法。例如,对于实际的 QKD 系统,找出系统潜藏的所有安全性漏洞,并给出相应的补救措施(如前面几章所述),然后尽可能地完全表征每个器件,并尽力解决所有的侧信道[52]。还比如,实施全设备无关协议(Fully Device - Independent QKD)[35-44],这样 QKD 的实施并不需要知道系统内部工作情况,其安全性可以由 Bell 不等式的背离得到验证。然而,DI - QKD 的实验实现目前还不太现实,它不仅需要很高的探测效率,还需要量子比特放大器或者需要对脉冲光子数进行非破坏测量(Quantum Nondemolition Measurement)[40]。

幸运的是,多伦多大学的 Lo 等人提出了测量设备无关协议,即 MDI - QKD 协议[137]。该协议的安全性介于上述所提出的两种解决方法之间,不仅可以去除所有已知或未知的关于探测器的侧信道攻击,还具备很好的性能,且易于远距离实验实现。一经提出,立刻得到了实验验证和光纤系统演示[138-141],受到了广泛关注和深入研究。

测量设备无关 QKD 是基于 EPR 纠缠 QKD 协议的时间反演协议,即先由通信双方 Alice 和 Bob 分别向第三方发送单光子态,接着由第三方 Charlie 执行 Bell 态测量(Bell-State Measurement,BSM),并公布测量结果,根据该测量结果,Alice 和 Bob 便可建立密钥。根据离散变量纠缠交换思想和双光子干涉原理,Bell 态测量可以从 Alice 和 Bob 的量子态中后选择出纠缠态,且不泄露 Alice 和 Bob 的编码信息。因此,该协议允许通信双方建立安全的密钥,且其安全性独立于测量设备,因此也就去除了第三方探测端所有的侧信道攻击。

作为类比,启发于连续变量纠缠交换思想[162,163],本章我们提出了连续变量 MDI-QKD 方案,该协议同时还被另外两个小组独立提出,详情请参考文献[119,120,122,164]。在该方案中,高斯调制相干态光源代替了离散变量协议中的单光子源或弱相干光源,而探测端则是平衡零拍探测器代替了单光子探测器。因此,连续变量 MDI-QKD 协议的安全性分析方法完全不同于离散变量 MDI-QKD 协议,其安全性应由连续变量协议高斯攻击的最优性进行分析。

相比于传统的 CVQKD 协议,连续变量 MDI-QKD 协议仍然具有正反向协调两种数据后处理方法可提取密钥。但由于该协议中 Alice 和 Bob 相对于中间方 Charlie 具备一定的对称性,在后面将会证明两种协调方法是等价的。类似于离散变量 MDI-QKD,同样,该协议可以去除连续变量 CVQKD 协议中关于探测器端的侧信道攻击,如前面几章提出的波长攻击、本底光强度攻击、非理想探测器攻击,以及其他小组提出的校准攻击[62]、探测器饱和攻击[54]等。另外,相比于探测效率低且较昂贵的普通的单光子探测器而言,平衡零拍探测器成本较低,且探测效率较高。因此,连续变量 MDI-QKD 不仅可以被当前的实验技术实现,同时还具有很高的密钥率,非常适合近距离高码率的量子网络应用实现。

6.2　测量设备无关协议

本节主要描述连续变量 MDI-QKD 协议方案的工作原理,为后续协议的安全性证明做铺垫,并讨论该协议实验实现的一个重要问题——参考系定义问题,其中利用到了本底光的干涉校准方法。

6.2.1　协议方案描述

关于连续变量 MDI-QKD,如图 6.1 所示,其方案可由以下四个步骤描述。

(1)态制备。Alice 和 Bob 每人分别制备相空间里的相干态,并将其发送给

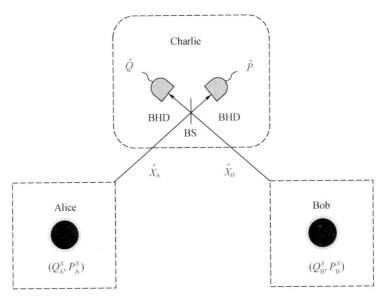

图 6.1　连续变量 MDI - QKD 制备测量方案装置示意图

BHD:平衡零拍探测器;BS:平衡分束器。

第三方 Charlie。此时,Alice 和 Bob 的输入模式可分别写为 $\hat{X}_{A/B} = X_{A/B}^S + \hat{X}_{A/B}^N$,其中 $X_{A/B}^S$ 为经典编码变量,服从均值为 0、方差为 V_S 的高斯分布,$\hat{X}_{A/B}^N$ 为真空模式。对于相干态正交分量 $\hat{Q}$ 和 $\hat{P}$,定义 $\hat{X} \in \{\hat{Q}, \hat{P}\}$。Alice 初始输出模式总的方差 V:= $V(\hat{X}_A)$,即以散粒噪声为单位,$V = V_S + 1$,V_S 即为调制方差。不失一般性,这里假设 Bob 初始输出模式的方差与 Alice 的相同,这可以由他们在密钥分发前事先约定(注意,本章并不考虑调制的非完美性所导致的 Alice 和 Bob 调制方差不同的情况。而更一般的情况是 Alice 和 Bob 具有不同的调制方差,这可以由后续工作进行研究)。

(2)测量。Charlie 接收 Alice 和 Bob 发送的量子态,并将两接收量子态模式进行干涉做 Bell 态测量,即两光学模式通过平衡分束器 BS 干涉后,一个输出端口模式测量 $\hat{Q}$ 分量,另一输出端口模式测量 $\hat{P}$ 分量,测量设备为平衡零拍探测器 BHD。这样,对于无衰减无噪信道,Charlie 的测量结果将为 $\hat{Q}_A - \hat{Q}_B$ 和 $\hat{P}_A + \hat{P}_B$[162,163](为了表示简洁,此处分束器引入的乘积因子系数 $1/\sqrt{2}$ 已经被测量结果吸收,即所有的测量数据单位化后(以散粒噪声的平方根为单位)统一乘以 $\sqrt{2}$)。然后,Charlie 将这些测量结果通过公开信道告诉 Alice 和 Bob。注意,Charlie 进行零拍探测时所用的本底光可由 Alice 或 Bob 进行提供,并且在密钥

69

分发前 Alice 和 Bob 需要通过操控各自的本底光来定义共同的信号调制参考系，具体参考后面小节。

（3）参数估计和秘密性提取。Alice 和 Bob 随机公布部分编码信息，结合 Charlie 的测量结果，他们估计出信道传输率和信道额外噪声。为了建立相关的数据和安全的密钥，Alice 和 Bob 其中一人需要从 Charlie 的测量结果中减去她或他的编码数据。为了方便，假设 Bob 实施该数据处理过程，即 Bob 将数据 $(\hat{Q} + \sqrt{T_2}Q_B^s)$ 和 $(\hat{P} - \sqrt{T_2}P_B^s)$ 作为对 Alice 编码数据的估计，以此来建立密钥，记为 $\hat{Q}_{B'}$ 和 $\hat{P}_{B'}$。T_2 为 Bob 和 Charlie 之间的信道传输率。因为 Eve 并不知道 Bob 的编码数据，所以仅从 Charlie 公布的测量结果 $\hat{Q}$ 和 $\hat{P}$，她并不能精确知道 Alice 的编码数据，当然她可以从中获取部分信息。

（4）数据后处理。在计算出他们手中数据的密钥率后，Alice 和 Bob 便可利用当前 QKD 纠错和保密放大技术[165]从他们的粗数据中提取密钥，这与 CVQKD 传统的常规数据后处理过程是一致的。

以上便是连续变量 MDI – QKD 制备测量方案的描述，该方案采用的是高斯调制相干态光源作为编码载体，类似于传统 CVQKD 协议，该光源也可以用压缩态光源进行代替，从而利用压缩态的优良特性进行编码，具体可参考文献[166]。另外，在第三步，Bob 对其数据的处理方法还可以变成 $(Q_B^s + k\hat{Q})$ 和 $(P_B^s - k\hat{P})$，其中 k 是任意的优化比例常数，本质还是减去 Bob 的编码数据，以便精确估计 Alice 的编码数据，具体可参考文献[164]。

6.2.2 参考系的定义

本节讨论 Alice、Bob 和 Charlie 之间参考系的定义和脉冲校准问题。基本思想是，如果能够测量 Alice 和 Bob 分别发出的本底光的相位差，并将该相位差加在一方的信号调制上，则 Alice 和 Bob 的信号调制便在同一个参考系中进行。本底光作为信号的相位参考光，可以是很强的经典光，因此将两经典光在分束器上进行干涉，测量一个输出端口的强度便可测量出两本底光的相位差。测量示意装置如图 6.2 所示。

在连续变量 MDI – QKD 协议中，可假设 Alice 向 Charlie 发送本底光，Charlie 再将接收到的本底光分成两束，作为 Bell 态测量两平衡零拍探测器的参考光，以测量正交分量 $\hat{Q}$ 和 $\hat{P}$。为了测量相位差，首先，Alice 将其本底光一分为二，一束发给 Charlie，另一束发给 Bob。接着，Bob 再将从 Alice 端接收到的本底光和他自己的本底光分别一分为二，然后分别通过分束器 BS1 和 BS2 进行干涉，如图 6.2 所示。之后，使用光电探测器或 PIN 管分别测量 BS1 和 BS2 的一个端口的

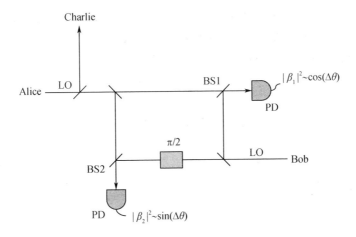

图 6.2 测量两本底光相位差的装置示意图

PD:光电探测器;BS1,BS2:分束器;图中所有分束器均是平衡分束器,分束比为 50∶50。

输出干涉光强度,即可测量两本底光的相位差。注意,分了精确测量相位差,已在其中一臂本底光束上加入了 $\pi/2$ 相位。标记 Alice 的本底光幅度为 $\alpha e^{i\theta_A}$,与其干涉的 Bob 的本底光幅度为 $\alpha e^{i\theta_B}$,这里不失一般性假设它们具有相同的强度。相对于本底光,Alice 和 Bob 调制的信号光可分别表示为 $\alpha_S^A e^{i(\theta_A + \phi_A)}$ 和 $\alpha_S^B e^{i(\theta_B + \phi_B)}$,$\alpha_S^A$ 和 α_S^B 是他们各自信号光的强度,ϕ_A、ϕ_B 分别是其调制相位(注意,这里的信号光还没有被衰减到量子水平,仍然可看作经典光,因此可以写成复数形式)。当两本底光在 BS1 上进行干涉时,其中一个输出端口的幅度可表示为

$$\beta_1 = \frac{\alpha e^{i\theta_A} + \alpha e^{i\theta_B}}{\sqrt{2}} = \sqrt{2}\alpha e^{\frac{i(\theta_A + \theta_B)}{2}} \cos\left(\frac{\theta_A - \theta_B}{2}\right) \qquad (6.1)$$

则 BS1 的 PD 输出强度为

$$|\beta_1|^2 = 2|\alpha|^2 \cos^2\left(\frac{\theta_A - \theta_B}{2}\right) = |\alpha|^2 [1 + \cos(\theta_A - \theta_B)] \qquad (6.2)$$

类似地,BS2 的 PD 输出强度可表示为

$$|\beta_2|^2 = |\alpha|^2 \{1 + \cos[\theta_A - (\theta_B + \pi/2)]\} = |\alpha|^2 [1 + \sin(\theta_A - \theta_B)] \quad (6.3)$$

利用式(6.2)和式(6.3),立刻可以精确计算出 Alice 和 Bob 两本底光的相位差 $\Delta\theta := \theta_A - \theta_B$。这样,当 Bob 调制他的信号光束时,便可加上该相位差 $\Delta\theta$ 及初始相位 ϕ_B 作为其调制信号的调制相位。即,Bob 的信号光束可写为 $\alpha_S^B e^{i(\theta_B + \phi_B + \Delta\theta)} = \alpha_S^B e^{i(\theta_A + \phi_B)}$,这样它就被定义在 Alice 的信号调制参考系中,Alice 和 Bob 的信号调制便共同拥有同一个参考系。

71

然而,实验实现上述装置可能非常复杂,这里仅给出一个简单的理论方法来证明连续变量 MDI – QKD 协议是可以被当前技术实验实现的。当然,其他的可以解决脉冲同步和参考系校准的方法和策略也是存在的。文献[167 – 169]提到在实现连续变量纠缠交换的过程中,Bell 态测量可以不必使用零拍探测器和本底光。

然而,该方法是否可以被直接应用到连续变量 MDI – QKD 协议中,仍然需要进一步研究和探讨。最后指出,为了降低发送方调制复杂性,也为了保持协议中 Alice 和 Bob 位置的对称性,脉冲同步和参考系校准过程可以由 Charlie 来执行,这样并不会影响安全性。此时,Alice 和 Bob 同时向 Charlie 发送本底光,然后由 Charlie 来测量两光束的相位差,并将该相位差调制到 Alice 和 Bob 的任一信号光束上。

或者说,Charlie 局域制造本底光,然后使其分别与信号光和参考光进行干涉,并对测量结果进行后处理,从而得出 Bell 探测结果,详情可参考文献[170,171],后面章节将会对其进行详细陈述。

6.3　单模攻击下的安全性

为了估算上述协议的安全边界,即计算密钥率,本节考虑单模攻击下的安全性。在传统的单向(One Way)CVQKD 协议的安全性分析中,结合对称化操作,集体高斯攻击被证明是最优的攻击,在该攻击下计算的密钥率对任一攻击都是安全的,可被认为是密钥率的下界[86,91,92]。图 6.3 所示为纠缠克隆攻击(Entangling Cloner Attack),纠缠克隆攻击被证明是最有力、最实际的集体高斯攻击[79,81],对于单模信道(One – mode Channel)来说,也是最优的攻击方式之一[159],这在前面第 4 章已经证明过。但是,在双路(Two Way)CVQKD 协议[79]中,针对两个具有相互作用的信道来说,最优的攻击方式在文献[79]中并没有给出,但是在混合的双路协议中,纠缠克隆攻击被证明仍是最优的。因此,本节针对两个马尔可夫无记忆高斯信道(Markovian Memoryless Gaussian Channel),即信道间无相互作用因而被约化为单模信道[172],来证明单模攻击下连续变量 MDI – QKD 协议的安全性。在这种意义下,两信道上的独立的纠缠克隆攻击就被约化成了单模攻击,因此也可以被当作最优的单模集体高斯攻击。该攻击可由以下方式构成:如图 6.3 所示,Eve 首先将两信道用两个透过率分别为 T_1 和 T_2 的分束器代替,然后将两纠缠源的各一个模式分别与 Alice 和 Bob 发送的模式在分束器上进行相互作用,最后将所有窃取的模式及辅助模式存储在量子存储器上,并在 Alice 和 Bob 进行经典数据后处理的任一时间对存储器的模式进行集体测量以获取信息。

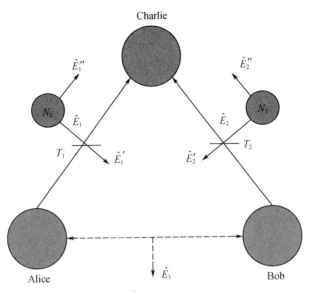

图 6.3　纠缠克隆攻击示意图

该攻击对应两无相互作用的马尔可夫无记忆高斯信道。Eve 首先将 Alice 和 Bob 的发送模式分
别与其纠缠源模式进行相互作用,然后将窃取模式和辅助模式 $\hat{E}_1'$、$\hat{E}_1''$、$\hat{E}_2'$、$\hat{E}_2''$ 都存储在
她的量子存储器上,在通信双方进行经典数据后处理的任一时间,Eve 对存储模式进行集体
测量以获取信息。$N_1(N_2)$ 表示第一个 EPR 对(第二个 EPR 对)每一个模式的方差。
模式 $\hat{E}_3 \in \{\hat{Q}, \hat{P}\}$ 是虚拟模式,表示 Charlie 的 Bell 态测量泄露给 Eve 部分信息,可看作是一个经典变量。

如前文所说,Bob 的重组数据是由 Charlie 公布的测量结果减去他自己的编码数据得到的。首先,在纠缠克隆攻击下,Bell 探测结果可表示为

$$\hat{Q} = (\sqrt{T_1}\hat{Q}_A + \sqrt{1-T_1}\hat{Q}_{E_1}) - (\sqrt{T_2}\hat{Q}_B + \sqrt{1-T_2}\hat{Q}_{E_2})$$
$$\hat{P} = (\sqrt{T_1}\hat{P}_A + \sqrt{1-T_1}\hat{P}_{E_1}) + (\sqrt{T_2}\hat{P}_B + \sqrt{1-T_2}\hat{P}_{E_2}) \tag{6.4}$$

分束器引入的乘积因子 $1/\sqrt{2}$,如前所述,已合并到等式左边。E_1 和 E_2 是 Eve 的纠缠源 EPR 对模式,方差分别为 N_1 和 N_2。N_1 和 N_2 被分别用来模拟实际信道的额外噪声 ε_A 和 ε_B,即对 Alice 和 Charlie 之间的信道,$\varepsilon_A = (1-T_1)(N_1-1)/T_1$,而对 Bob 和 Charlie 之间的信道,$\varepsilon_B = (1-T_2)(N_2-1)/T_2$,两者各以自己的输入信道为参考,因此各除以 T_1 和 T_2。T_1 和 T_2 分别是 Alice、Bob 与 Charlie 之间的信道传输率,可由密钥分发后参数估计步骤估算出来。由式(6.4)可得 Bob 的重组数据为

$$\hat{Q}_{B'} = (\sqrt{T_1}\hat{Q}_A + \sqrt{1-T_1}\hat{Q}_{E_1}) - (\sqrt{T_2}\hat{Q}_B^N + \sqrt{1-T_2}\hat{Q}_{E_2})$$
$$\hat{P}_{B'} = (\sqrt{T_1}\hat{P}_A + \sqrt{1-T_1}\hat{P}_{E_1}) + (\sqrt{T_2}\hat{P}_B^N + \sqrt{1-T_2}\hat{P}_{E_2}) \tag{6.5}$$

由式(6.5)易见,Bob 的重组数据是 Alice 编码数据的噪声形式,限制在单模攻击情况下,连续变量 MDI - QKD 协议可看成是传统的单向 CVQKD 差分探测协议[69,70]。在这种意义下,传统的 CVQKD 安全性标准分析方法即可用在该协议上。类似于单向 CVQKD 协议,两种数据协调处理方法可被来提取密钥,即正向协调与反向协调。在正向协调协议中,Alice 的编码数据被当作参考密钥,Bob 尽力猜测它们,并在 Alice 发送的辅助纠错信息下,将其手中的数据通过纠错协调成与 Alice 的编码数据相同。在反向协调协议中,此时 Bob 的重组数据被当作参考密钥,并由他向 Alice 发送经典的纠错信息,Alice 将其编码数据协调成与 Bob 的重组数据相同。在下一节中,我们证明两种协调方式在连续变量 MDI - QKD 协议中是等价的,即密钥率的计算公式是一样的。本节就仅计算单模攻击下正向协调协议的密钥率。

在计算密钥率之前,首先计算 Alice 和 Bob 之间的 Shannon 互信息,然后计算 Eve 和 Alice 之间的 Holevo 互信息。不失一般性,假设两正交分量 $\hat{Q}$ 和 $\hat{P}$ 都是对称的,Alice 和 Bob 的互信息可写为

$$I_{AB'} = \log_2 \frac{V_{B'}}{V_{B'|A}} \qquad (6.6)$$

注意等式前面并没有乘积因子 1/2,因为此时两正交分量都被用来产生密钥,这与传统的单向 CVQKD 差分探测协议是一致的。$V_{B'}$ 和 $V_{B'|A}$ 分别是 Bob 的重组数据 $\hat{Q}_{B'}$ 和 $\hat{P}_{B'}$[见式(6.5)]的方差和条件方差。由于式(6.5)右边各项是相互线性独立的,因此方差 $V_{B'} := \langle \hat{Q}_{B'}^2 \rangle = \langle \hat{P}_{B'}^2 \rangle (\langle \hat{Q}_{B'} \rangle = \langle \hat{P}_{B'} \rangle = 0)$ 可写为

$$V_{B'} = T_1 V + (1 - T_1) N_1 + T_2 + (1 - T_2) N_2 := b_v \qquad (6.7)$$

而关于 Alice 的编码数据 X_A^s 的条件方差则由下式给出

$$V_{B'|A} = T_1 + (1 - T_1) N_1 + T_2 + (1 - T_2) N_2 := b_0 \qquad (6.8)$$

其计算公式由下面的条件方差定义式[127]给出,这在前面章节提到过。

$$V_{X|Y} = V(X) - \frac{|\langle XY \rangle|^2}{V(Y)} \qquad (6.9)$$

所有的方差和条件方差均以散粒噪声为单位。

在正向协调协议中,Charlie 公布的 Bell 探测结果会泄露部分信息,这等价于泄露给 Eve 一个虚拟模式 $\hat{E}_3$,如图 6.3 所示。因此,Eve 获取的关于 Alice 的编码数据信息应包含 Shannon 互信息 I_{AE_3}(因为 $X_{E_3} \in \{Q, P\}$ 是经典随机变量)和 Holevo 信息量 χ_{AE_A}。两类信息可能部分相互重叠,为了计算方便,这里假设重

叠为零。因此，密钥率可写为

$$K_{DR} = \beta I_{AB'} - I_{AE_3} - \chi_{AE_A} \tag{6.10}$$

其中 β 是数据协调效率。Shannon 信息 $I_{AB'}$ 由式(6.6)给出。I_{AE_3} 界定 Eve 从 Charlie 公布的 Bell 探测结果 Q 和 P 中获取的关于 Alice 的编码数据的经典信息，而且它可以被当作经典互信息，因为 Charlie 对每个脉冲的测量是独立的（例如，Alice 和 Bob 可以等到 Charlie 公布上一个脉冲的 Bell 测量结果后再发送下一个脉冲）。Holevo 信息量 χ_{AE_A} 描述 Eve 从图 6.3 所示的纠缠克隆攻击中获取的信息量。下面首先计算 I_{AE_3}。

由于 Eve 的辅助模式 E_1''、E_2'' 能够降低模式 E_1' 和 E_2' 的不确定性[100,154]，因此她可以利用该辅助模式进一步降低 Charlie 公布的 Bell 探测结果 Q 和 P 的不确定性，即模式 $E_3 \in \{Q, P\}$ 关于模式 E_1''、E_2'' 的条件方差可写为

$$V_{E_3|E_1'',E_2''} = T_1 V + (1 - T_1)/N_1 + T_2 V + (1 - T_2)/N_2 \tag{6.11}$$

其中用到了 $V_{E_1|E_1''} = 1/N_1$ 和 $V_{E_2|E_2''} = 1/N_2$[100,154]。同理，条件方差 $V_{E_3|A,E_1'',E_2''}$ 也可以类似得到，即

$$V_{E_3|A,E_1'',E_2''} = T_1 + (1 - T_1)/N_1 + T_2 V + (1 - T_2)/N_2 \tag{6.12}$$

因此，假设两正交分量是对称的，则 Shannnon 信息 I_{AE_3} 可由以下公式计算得出，

$$I_{AE_3} = \log_2 \frac{V_{E_3|E_1'',E_2''}}{V_{E_3|A,E_1'',E_2''}} \tag{6.13}$$

Alice 和 Eve 之间的 Holevo 信息量 χ_{AE_A} 可写为

$$\chi_{AE_A} = S(E_A) - S(E_A|A) \tag{6.14}$$

E_A 代表 Eve 的模式 E_1'、E_1''，$S(E_A)$ 可由下面的协方差矩阵的辛本征值计算得出，

$$\boldsymbol{\gamma}_{E_A}(V, V) = \begin{pmatrix} e_{v1}\mathbb{I} & \varphi_1 \boldsymbol{\sigma}_z \\ \varphi_1 \boldsymbol{\sigma}_z & N_1 \mathbb{I} \end{pmatrix} \tag{6.15}$$

其中 $\varphi_1 = \sqrt{T_1(N_1^2 - 1)}$，$e_{v1} = (1 - T_1)V + T_1 N_1$。这里 e_{v1} 为模式 E_1' 的方差，该模式关于 Alice 的编码数据的条件方差为 $e_0 = (1 - T_1) + T_1 N_1$。$\mathbb{I}$ 和 $\boldsymbol{\sigma}_z$ 为 Pauli 矩阵。该协方差矩阵 $\boldsymbol{\gamma}_{EA}(V, V)$ 的辛本征值可由下式计算得出，

$$\lambda_{1,2} = \sqrt{\frac{\Delta \mp \sqrt{\Delta^2 - 4D}}{2}} \tag{6.16}$$

其中 $\Delta = e_{v1}^2 + N_1^2 - 2\varphi_1^2, D = (e_{v1}N_1 - \varphi_1^2)^2$。因此 Eve 的态的 Von Neumann 熵可由下式得出

$$S(E_A) = G\left(\frac{\lambda_1 - 1}{2}\right) + G\left(\frac{\lambda_2 - 1}{2}\right) \tag{6.17}$$

其中 $G(x) = (x+1)\log_2(x+1) - x\log_2 x$。$S(E_A|A)$ 可由条件协方差矩阵 $\boldsymbol{\gamma}_{E_A|A} = \gamma_{E_A}(1,1)$ 计算得出,该矩阵的辛本征值由下式可得

$$\lambda_{3,4} = \sqrt{\frac{A \mp \sqrt{A^2 - 4B}}{2}} \tag{6.18}$$

其中 $A = e_0^2 + N_1^2 - 2\varphi_1^2, B = (e_0 N_1 - \varphi_1^2)^2$。因此,条件熵为

$$S(E_A|A) = G\left(\frac{\lambda_3 - 1}{2}\right) + G\left(\frac{\lambda_4 - 1}{2}\right) \tag{6.19}$$

由式(6.13)和式(6.14),可限定 Eve 获取的信息,从而可以计算出式(6.10)中的密钥率 K_{DR}。对于两对称信道,即 $T_1 = T_2$,$\varepsilon_A = \varepsilon_B$,图6.4画出了密钥率 K_{DR} 关于信道传输距离的变化关系。

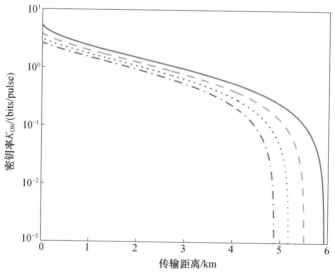

图6.4　连续变量 MDI - QKD 协议正向协调下密钥率关于传输距离的变化关系
传输距离是指 Alice、Bob 与 Charlie 之间的距离之和,且他们之间的信道是对称信道。
从上到下,信道额外噪声分别为 0,0.005,0.01,0.015(以散粒噪声为单位)。
这些都是实验的典型值[77]。Alice 和 Bob 的调制方差被设定为最优,
协调效率为 0.95(取自文献[165]),光纤衰减系数为 0.2dB/km。

在对称情况下传输距离低于 15km(3dB 极限),而且要比传统的单向 CVQKD 协议传输距离还要低。这一方面由于 Bob 的数据中含有调制真空噪声,

该噪声会降低 Alice 和 Bob 之间的互信息;另一方面由于 Charlie 的 Bell 探测结果会泄漏部分信息,导致 Eve 获取的信息量增大,所以对称情况下连续变量 MDI – QKD 协议的密钥率非常受限。下节将讨论 Alice、Bob 与 Charlie 的信道存在相互作用时,连续变量 MDI – QKD 协议的安全性。

6.4 双模攻击下的安全性

6.3 节研究了连续变量 MDI – QKD 协议针对单模攻击时的安全性,单模攻击对应两信道之间没有相互作用,这是实际信道最一般的情况。然而由于 Eve 的能力是强大的,只要符合物理规律,其对信道所做的任何操作都应该是允许的。文献[172]提出了一种特殊的信道,即非马尔可夫有记忆信道,两信道之间不仅存在相互作用,而且该相互作用还是相关的,正相关或反相关。据此,该文作者将其应用到了连续变量 MDI – QKD 的安全性分析中,具体可参考文献[122]。本节基于该思想,继续探讨连续变量 MDI – QKD 的安全性,并得出了完全不同于文献[122]的结果,最终完成了连续变量 MDI – QKD 协议的安全性证明。

首先,我们再来描述连续变量 MDI – QKD 协议的原理。不同于前节描述的制备和测量(PM)方案,下面所描述的是与该方案等价的基于纠缠(EB)的方案。为了表述严格和方便,本节中我们重新选择表示符号对 EB 方案进行描述,并称该协议为 Bell 探测 CVQKD 协议。如图 6.5 所示,Alice 和 Bob 各拥有一 EPR 态,他们各保留 EPR 态的一个模式,另一个模式发送给 Bell 中继,该中继放在 Charlie 端。Charlie 用一个平衡分束器将两接收模式进行光学混合,并对分束器干涉后的输出模式进行 Bell 态测量,即前节所述的其中一个端口测量 q 分量,另一端口测量 p 分量。然后 Charlie 将 Bell 探测结果通过可靠的不可篡改的经典信道告诉 Alice 和 Bob。接着 Alice 和 Bob 分别对自己保留的 EPR 模式进行差分探测,并将其探测结果作为编码数据。这样经过足够轮上述操作,Alice 和

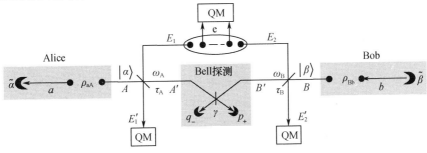

图 6.5 连续变量 Bell 探测 QKD 协议基于纠缠的方案描述

77

Bob 对其手中的数据进行后处理以建立相关性,并利用传统的数据纠错和保密放大等数据后处理方法从中提取密钥。

为了提取秘密性,如前节所述,原则上 Alice 和 Bob 可以像传统的单向 CVQKD 协议[67,68]那样,自由选择正向协调或反向协调来处理其手中的数据以提取密钥。然而,下面将证明关于安全性分析,正向协调和反向协调是等价的或相同的。事实上,从 Eve 的角度来看,如果以 Alice 的编码数据为密钥参考,正向协调即是估算 Alice 的编码数据,而反向协调便是估算 Bob 的重组数据。若以 Bob 的编码数据为密钥参考,正好相反。由于这两组数据可由 Bell 探测结果相互联系,因此估算它们对 Eve 来说是一样的或是等价的。那么 Eve 和通信双方 Alice 和 Bob 任一方的 Holevo 信息量在正反向协调中是相同的,具体证明过程由下节给出。因此,在后续章节中,Bell 探测 CVQKD 协议的安全性可仅分析正向协调下的安全性,而且不失一般性,可假设 Alice 为数据协调的参考方。

6.4.1 正反向协调的等价性

在 EB 方案中,Alice 和 Bob 之间为了建立数据相关性,需要其中一方根据 Bell 探测结果重组数据。例如,如图 6.6(Ⅰ)所示,假设 Bob 重组他的编码数据,即 $\tilde{\alpha}' := \gamma + \tilde{\beta}^* = \tilde{\alpha} + \hat{\delta}$,其中 γ 为 Bell 探测结果,$\hat{\delta}$ 表示探测噪声[122]。Alice 和 Bob 可以自由选择正向协调或反向协调来处理数据($\tilde{\alpha}$ 或 $\tilde{\alpha}'$)。在正向协调中,$\tilde{\alpha}$ 被当作粗密钥参考,Bob 协调其数据与 $\tilde{\alpha}$ 相同,而在反向协调中,$\tilde{\alpha}'$ 被当作粗密钥参考,Alice 协调其数据与 $\tilde{\alpha}'$ 相同。然而,由于在 Bell 探测 CVQKD 协议中,Alice 和 Bob 在数据协调前位置是对称的,图 6.6(Ⅱ)中所示的后处理情况与图 6.6(Ⅰ)是相同的,只是置换了 Alice 和 Bob 的角色或位置。图 6.6(Ⅰ)中的正向协调安全性已由文献[122]给出,下面将证明图 6.6(Ⅰ)中的反向协调下的安全性分析等价于图 6.6(Ⅱ)中的正向协调下的安全性分析。为了计算反向协调下的密钥率,首先计算 Alice 和 Bob 量子态的协方差矩阵。

6.4.1.1 计算协方差矩阵

一般来说,对于一个具体的 QKD 协议,其安全性应由通信双方 Alice 和 Bob 拥有的量子态(或从数据中重构出的态)完全决定,即从实验数据中,可以得到安全参数来界定密钥率。具体来说,对于 CVQKD,在集体高斯攻击[84,85]的安全性分析框架下,协议的安全性完全由 Alice 和 Bob 的协方差矩阵决定,无论该协方差矩阵是怎样实现的,只要保持不变,Eve 和 Alice 的 Holevo 信息量就会保持不变。下面,针对 Bell 探测 CVQKD 协议,与文献[122]中复杂的推导不同,这里给出一个简单的协方差矩阵计算方法。

78

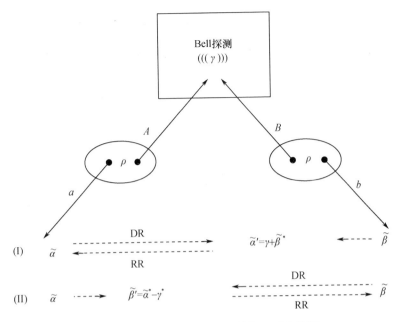

图 6.6　连续变量 MDI – QKD 协议正反向协调

（Ⅰ）Bob 重组其编码信息为 $\tilde{\alpha}'$，因此，为了提取密钥，Alice 和 Bob 可选择正向

协调处理他们的数据，此时 $\tilde{\alpha}$ 为参考密钥；或者选择反向协调处理他们的数据，

此时 $\tilde{\alpha}'$ 为参考密钥。（Ⅱ）该过程与（Ⅰ）相同，只是置换了 Alice 和 Bob 的位置或角色。

如图 6.5 所示，为了方便，标记 Alice(Bob) 的发送模式为 A(B)，该模式处于相干态 $|\alpha\rangle$，$\alpha = (q_A + ip_A)/2 [\,|\beta\rangle，\beta = (q_B + ip_B)/2\,]$，其中 q_A、p_A(q_B、p_B) 为 PM 方案中 Alice(Bob) 的编码信息，该编码信息等价于 EB 方案中的差分探测结果 $\tilde{q}_A$、$\tilde{p}_A$($\tilde{q}_B$、$\tilde{p}_B$)，相差一乘积因子 $\sqrt{\dfrac{\mu-1}{\mu+1}}$。$\tilde{\alpha} = (\tilde{q}_A + i\,\tilde{p}_A)/2，\tilde{\beta} = (\tilde{q}_B + i\,\tilde{p}_B)/2$。这里的 μ 为 Alice 和 Bob 各自 EPR 模式的方差，对应于 PM 方案中调制方差 $(\mu-1)$。根据上述新的标记符号，Charlie 端的 Bell 探测结果可以表示为

$$\hat{q}_- = \sqrt{\tau_A}\hat{q}_A + \sqrt{1-\tau_A}\hat{q}_{E_1} - (\sqrt{\tau_B}\hat{q}_B + \sqrt{1-\tau_B}\hat{q}_{E_2})$$

$$\hat{p}_+ = \sqrt{\tau_A}\hat{p}_A + \sqrt{1-\tau_A}\hat{p}_{E_1} + (\sqrt{\tau_B}\hat{p}_B + \sqrt{1-\tau_B}\hat{p}_{E_2}) \tag{6.20}$$

如前所述，分束器引入的 $1/\sqrt{2}$ 全部被等式左边吸收。E_1、E_2 为 Eve 注入信道的攻击模式，用来模拟信道额外噪声[100,154]。这些模式与 Eve 的辅助模式纠缠，所有的辅助模式用集合 e 表示，全部储存在 Eve 的量子存储器中，以帮助 Eve 获取信息。τ_A、τ_B 分别为 Alice 和 Charlie 之间的信道以及 Bob 和 Charlie 之

间的信道传输率。利用协方差矩阵的苏尔补（Schur Complement）公式[173]，由协

方差矩阵 $V_{ab\gamma} := \begin{pmatrix} V_{a \oplus b} & C \\ C^T & R \end{pmatrix}$ 可得条件协方差矩阵 $V_{ab|\gamma} = V_{a \oplus b} - CR^{-1}C^T$，即

$$
V_{ab|\gamma} = \begin{pmatrix} \mu - \dfrac{\tau_A(\mu^2-1)}{\theta_-} & 0 & \dfrac{\sqrt{\tau_A\tau_B}(\mu^2-1)}{\theta_-} & 0 \\[2ex] 0 & \mu - \dfrac{\tau_A(\mu^2-1)}{\theta_+} & 0 & -\dfrac{\sqrt{\tau_A\tau_B}(\mu^2-1)}{\theta_+} \\[2ex] \dfrac{\sqrt{\tau_A\tau_B}(\mu^2-1)}{\theta_-} & 0 & \mu - \dfrac{\tau_B(\mu^2-1)}{\theta_-} & 0 \\[2ex] 0 & -\dfrac{\sqrt{\tau_A\tau_B}(\mu^2-1)}{\theta_+} & 0 & \mu - \dfrac{\tau_B(\mu^2-1)}{\theta_+} \end{pmatrix}
$$

$$(6.21)$$

其中 $V_{a \oplus b} = \begin{pmatrix} \mu I & 0 \\ 0 & \mu I \end{pmatrix}$；$C := (cZ, c'I)^T$ 表示模式 a、b 与 Bell 探测结果 γ 之间的

相关矩阵，$c := \langle \hat{q}_a \hat{q}_- \rangle = \sqrt{\tau_A(\mu^2-1)}$，$c' := \langle \hat{q}_b \hat{q}_- \rangle = -\sqrt{\tau_B(\mu^2-1)}$，$I = \mathrm{diag}(1,1)$，$Z = \mathrm{diag}(1,-1)$，$\hat{q}_a(\hat{q}_b)$ 为模式 $a(b)$ 的正交分量；$R := \mathrm{diag}(\theta_-, \theta_+)$；$\theta_- = \langle \hat{q}^2_- \rangle$、$\theta_+ = \langle \hat{p}^2_+ \rangle$ 是 $\gamma[\gamma = (\hat{q}_- + i\hat{p}_+)/2]$ 中的正交分量 $\hat{q}_-$、$\hat{p}_+$ 的方差（这里 γ 的均值已设定为 0，这可以很容易由 Alice 和 Bob 通过平移实现）。

由于 CM $V_{ab|\gamma}$ 仅与 γ 的二阶矩有关，而且对于协议的每一轮来说都是相同的。因此，正向协调下渐近密钥率可写为

$$K = I_{AB} - \chi_{AE} \qquad (6.22)$$

式中：I_{AB} 为 Alice 和 Bob 之间的互信息；χ_{AE} 为 Alice 和 Eve 之间的 Holevo 信息量。由式（6.21）中的 CM $V_{ab|\gamma}$ 便可计算出上述密钥率，具体可参考文献[122]，这里仅给出结果，后面会给出精确的计算方法。即，

$$
R(\tau_A, \omega_A, \tau_B, \omega_B) = h\left(\frac{\tau_A + \xi}{\tau_B}\right) - h\left(\frac{\xi}{|\tau_A - \tau_B|}\right) + \log_2\left[\frac{2\tau_A\tau_B}{e|\tau_A - \tau_B|(\tau_A + \tau_B + \xi)}\right]
$$

$$(6.23)$$

其中 $h(x) = \left(\dfrac{x+1}{2}\right)\log_2\left(\dfrac{x+1}{2}\right) - \left(\dfrac{x-1}{2}\right)\log_2\left(\dfrac{x-1}{2}\right)$，$\xi = (1-\tau_A)\omega_A + (1-\tau_B)\omega_B$
$+ 2\phi\sqrt{(1-\tau_A)(1-\tau_B)}$，$\phi^2 = \min[(\omega_A-1)(\omega_B+1),(\omega_A+1)(\omega_B-1)]$。

6.4.1.2 反向协调

本节基于文献[122]给出的正向协调密钥率计算结果,分析图6.6(Ⅰ)所示的反向协调下密钥率的计算。对于噪声衰减信道,记 Alice(Bob)和 Charlie 之间的信道传输率和热噪声分别为 $\tau_A(\tau_B)$ 和 $\omega_A(\omega_B)$。在文献[122]所提出的双模攻击(Two-mode Attack)中,Eve 向信道注入恶性纠缠("Bad-type"Entanglement),使得该攻击破坏 Bell 探测结果,且两信道存在反相关(Anti-correlated)相互作用。此时,Bell 中继测量结果为 $\gamma = \sqrt{\tau_A}\tilde{\alpha} - \sqrt{\tau_B}\tilde{\beta}^* + \hat{\delta}$,$\hat{\delta}$ 表示噪声。Bob 重组其编码信息 $\tilde{\beta}$ 作为变量 $\tilde{\alpha}' := \gamma + \sqrt{\tau_B}\tilde{\beta}^* = \sqrt{\tau_A}\tilde{\alpha} + \hat{\delta}$,此变量作为反向协调密钥参考。这样 Eve 和 Bob 的 Holevo 信息量,即 Eve 窃取的关于 $\tilde{\alpha}'$ 的信息量,可写为

$$\chi(E,\tilde{\alpha}'|\gamma) = S(\rho_{ab|\gamma}) - S(\rho_{a|\gamma\tilde{\alpha}'}) \tag{6.24}$$

式(6.24)和文献[119]中式(64)很类似,除了右边最后一项 $S(\rho_{a|\gamma\tilde{\alpha}'})$ 不同。在文献[119]的图6(ⅱ)中,或由图6.5也可看出,Alice 和 Bob 共同拥有纯态 $\Phi_{abE|\gamma}$,由于协议的对称性,可先使 Bob 差分测量其模式 b,得到测量结果 $\tilde{\beta}$。这样纯态 $\Phi_{abE|\gamma}$ 就被投影到了纯态 $\Phi_{aE|\gamma\tilde{\beta}}$,且为 Alice 和 Eve 所拥有。因此约化态 $\rho_{a|\gamma\tilde{\beta}}$ 和 $\rho_{E|\gamma\tilde{\beta}}$ 的熵相同,即 $S(\rho_{a|\gamma\tilde{\beta}}) = S(\rho_{E|\gamma\tilde{\beta}})$。注意,Bell 探测结果 γ 和信道传输率 τ_B 对于 Eve 来说是已知的,则 Eve 对 $\tilde{\alpha}'$ 的估计等价于对 $\tilde{\beta}$ 进行估计,两者相差一可逆的线性变换。此时,$S(\rho_{a|\gamma\tilde{\alpha}'}) = S(\rho_{a|\gamma\tilde{\beta}})$。或更简单来看,$S(\rho_{E|\gamma\tilde{\alpha}'}) = S(\rho_{E|\gamma\tilde{\beta}})$。因此,图6.6(Ⅰ)所示的反向协调下 Eve 和 Bob 的 Holevo 信息量等于图6.6(Ⅱ)所示的正向协调下 Eve 和 Bob 的信息量,即 $\chi(E,\tilde{\alpha}'|\gamma) = \chi(E,\tilde{\beta}|\gamma)$。由于图6.6(Ⅰ)中正反向协调下 Alice 和 Bob 的 Shannon 互信息是相同的,密钥率的不同即体现在 Eve 所窃取的 Holevo 信息量上。这就证明了正反向协调下 Bell 探测 CVQKD 协议的安全性分析是等价的,正向协调下的分析结果可以直接应用到反向协调的情况。事实上,如前所述,式(6.24)相比于正向协调,只有最后一项 $S(\rho_{a|\gamma\tilde{\alpha}'})$ 是不同的,该项可由协方差矩阵 $V_{a|\gamma\tilde{\beta}}$ 的辛本征值求得。而该值的计算也仅是置换正向协调下相应量中的 τ_A 和 τ_B,ω_A 和 ω_B。换句话说,反向协调下密钥率的计算结果与正向协调下密钥率的计算结果相比,仅是置换了 Alice 和 Bob 的角色或位置。因此,可以很容易给出反向协调下密钥率的计算结果,即

$$R(\tau_A,\omega_A,\tau_B,\omega_B) = h\left(\frac{\tau_B+\xi}{\tau_A}\right) - h\left(\frac{\xi}{|\tau_A-\tau_B|}\right) + \log_2\left[\frac{2\tau_A\tau_B}{e|\tau_A-\tau_B|(\tau_A+\tau_B+\xi)}\right]$$

$$\tag{6.25}$$

为了比较正反向协调下密钥率与传输距离的关系,图 6.7 给出了固定 Bell 中继于一端(Alice 端),密钥率关于另一端(Bob 端)传输距离 l_b 的关系曲线图。

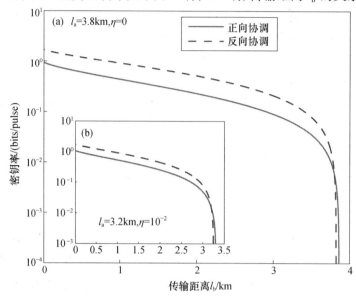

图 6.7　正反向协调下 Bell 探测 CVQKD 协议密钥率与传输距离之间的关系

l_b 为 Bob 和 Bell 中继之间的传输距离,Alice 和 Bell 中继之间的距离 l_a 固定。

图(a):l_a 固定为 3.8km,信道无热噪声;图(b):l_a 固定为 3.2km,

信道热噪声率为 $\eta = 10^{-2}$ photons/km。

在图 6.7 中,Alice 和 Charlie 之间的距离设定为 Bell 中继处在中间时(即 $\tau_A = \tau_B$)的最大传输距离。很容易看到,当信道无额外噪声时,可获取的最大单端传输距离为 $l_a = l_b = 3.8$km,此时双模攻击约化为简单的分束器攻击。而当信道存在热噪声时,假如热噪声率为 $\eta = 10^{-2}$ Photons/km,最大传输距离为 3.2km。

注意,此时计算的密钥率并不是一个紧致的密钥率,下节将给出一个安全的密钥率下界。回到图 6.7 中,还可看出,当 Bell 中继不在中间时,但如果 l_a 保持不变,反向协调下的密钥率则要略高于正向协调下的密钥率。这是因为,此时 Bell 中继更接近于 Bob 端,而在文献[122]中已经得到结果,正向协调下,当 Bell 中继接近于编码端即密钥参考端时,译码端传输距离可以非常远。由于图 6.6 (I)中的反向协调等价于图 6.6(II)中的正向协调,因此反向协调下 Bob 端为编码端。当 Bell 中继接近于 Bob 时($l_b < 3.8$km),l_a 可以非常长,因此,当 l_a 固定时,反向协调相应的密钥率自然要高于正向协调时的密钥率。这就是说,当 Bell 中继靠近哪一端,为了达到最大的密钥率,哪一端的编码信息就应该被当作参考

密钥。

总之,就安全性分析来说,Bell 探测 CVQKD 协议正反向协调是等价的,仅是置换了通信双方的位置或角色。因此为了简化,换句话说该协议只有一种数据协调方式,只是参考密钥可以有两种选择,即 Alice 的编码信息或 Bob 的编码信息。然而,如果其中一方重组数据的方式不是上述方式,比如 Bob 重组其数据为 $\tilde{\alpha}'' := \gamma + \sqrt{\tau}\tilde{\beta}^*$,其中 τ 是 Bob 可选的任意常数,且对 Eve 来说是未知的,则 Eve 并不能实现上述等价估计方式,即上述估计 $\tilde{\alpha}'$ 等价于估计 $\tilde{\beta}$。此时,反向协调的估计变为 $\tilde{\alpha}'' = \tilde{\alpha}' + \hat{\delta}', \hat{\delta}' = (\sqrt{\tau_B} - \sqrt{\tau})\beta^*$ 表示未知的噪声。在这种情况下,前章已经提到过,在数据协调的参考方添加噪声可以增加密钥率[110,174]。因此,通过合适的数据处理过程,即选择合适的参数 τ,这种情况下的反向协调可能会比正向协调的性能要好。感兴趣的读者可以数值仿真一下,此处不再赘述。6.4.2 节将具体分析双模攻击下 Bell 探测 CVQKD 协议的安全性,并给出精确的密钥率计算结果。

6.4.2 最优攻击

针对 Bell 探测 CVQKD 协议,其安全性要在最优的攻击下进行分析,即分析相干攻击(Coherent Attack)下的安全性。由于在无限密钥长或渐近密钥长(Asymptotic Key Rate)的情况下,通过对称化操作,相干攻击和集体攻击(Collective Attack)是等价的[86,91],下面就分析集体攻下的安全性。

对于集体攻击,为了找到最优的攻击方式,首先来回顾下传统单向 CVQKD 协议[67,68]的安全性分析方法。对于单向协议,安全性可完全由 Alice 和 Bob 的协方差矩阵确定,而且最优的攻击方式为高斯集体攻击[84,85,87,88]。典型的高斯集体攻击就是前面提到的纠缠克隆攻击[100,154],该攻击由分束器代替实际的信道混合热噪声构成。分束器的透过率模拟信道传输率,来自于 Eve 纠缠辅助模式的热噪声模拟信道额外噪声。为了获取信息,执行该攻击后 Eve 最后对所有储存在量子存储器上的辅助模式和截取模式进行集体测量,最终得到 Holevo 信息。该信息由 Alice 和 Bob 的协方差矩阵界定,当该矩阵表征的态是高斯态时,Eve 将获得最大的信息量。

同样,对于 Bell 探测 CVQKD 协议,其安全性也应该由 Alice 和 Bob 之间的协方差矩阵确定,因为它忠实地描述了他们所拥有的量子态。如式(6.21)所示,协方差矩阵 $\boldsymbol{V}_{ab|\gamma}$ 完全可以由参数 μ、τ_A、τ_B、θ_- 和 θ_+ 确定。幸运的是,这些参数都可以由实验数据,即 Alice 和 Bob 随机公布的部分编码信息以及 Charlie 公布的 Bell 探测结果,精确估算出来。例如,调制方差($\mu - 1$)可由 Alice 和 Bob 在

密钥分发前预先确定,θ_-、θ_+ 为 Bell 探测结果的方差,可直接从分布 $p(\alpha,\beta,\gamma)$ 中统计计算出来,τ_A、τ_B 可以由 α、β 和 γ 的相关性以任意高的精度估算出来。有了上述参数,就可以确定协议的安全性。注意,Eve 对量子信道的攻击正是由参数 θ_- 和 θ_+ 进行表征的,这两个参数可写为

$$\theta_- = \tau_A\mu + (1-\tau_A)\omega_A + \tau_B\mu + (1-\tau_B)\omega_B - 2\sqrt{(1-\tau_A)(1-\tau_B)}\langle\hat{q}_{E_1}\hat{q}_{E_2}\rangle$$

$$\theta_+ = \tau_A\mu + (1-\tau_A)\omega_A + \tau_B\mu + (1-\tau_B)\omega_B + 2\sqrt{(1-\tau_A)(1-\tau_B)}\langle\hat{p}_{E_1}\hat{p}_{E_2}\rangle$$

$$(6.26)$$

这里,相关性 $\langle\hat{q}_{E_1}\hat{q}_{E_2}\rangle$($\langle\hat{p}_{E_1}\hat{p}_{E_2}\rangle$)表示 Eve 双模攻击引入的噪声,即 Eve 的注入模式是相关的。由于这些噪声和信道热噪声都混合在 Bell 探测结果中,从 Alice 和 Bob 的角度来说,它们是没有什么区别的,而且任意攻击只要引入的噪声量相同都是无法区分的。换句话说,只要 θ_-、θ_+ 在任何攻击下都是相同的,则 Holevo 信息量 χ_{AE} 就会保持不变。特别是,方程式(6.26)也可以由两个独立的纠缠克隆攻击达到(注意这里讨论的双模攻击是破坏中继测量的攻击,即 Eve 的两攻击模式相对于 Alice 和 Bob 期望建立的正关联模式是反关联的),使得

$$\theta_- = \tau_A\mu + (1-\tau_A)\omega_A^q + \tau_B\mu + (1-\tau_B)\omega_B^q$$
$$\theta_+ = \tau_A\mu + (1-\tau_A)\omega_A^p + \tau_B\mu + (1-\tau_B)\omega_B^p$$

$$(6.27)$$

ω_A^q(ω_A^p)和 ω_B^q(ω_B^p)是每个纠缠克隆攻击引入的信道热噪声(这里并不限制 Eve 对两正交分量 $\hat{q}$ 和 $\hat{p}$ 的攻击是相同的。事实上,对于更一般的 Bell 中继,由于信道的非对称性,其探测结果 $\hat{q}$ 和 $\hat{p}$ 的方差可以是不同的)。这种类型的攻击,如图 6.8(c)所示,对应着 $\rho_{E_1E_2}$ 完全是分离态的情况。其中模式 E_1''、E_2'' 分别和模式 E_1、E_2 进行纠缠,用来消除模式 E_1'、E_2' 中 E_1、E_2 的不确定性。因为这种攻击可以纯化 Alice 和 Bob 的态,因此可以达到 Holevo 信息量 χ_{AE}。下面基于纠缠或非局域相关性的单配性(Monogamy)[44,175-177],我们将进一步证明双模攻击是次优的。

尽管双模攻击也可以让 Alice 和 Bob 拥有如式(6.21)所示的相同的协方差矩阵,这看起来由该协方差矩阵所界定的最大的 Holevo 信息量 χ_{AE} 也应由 Eve 完全获得。然而,由于纠缠的单配性,下面将证明实际上 Eve 并不能达到该 Holevo 信息量上界。如图 6.8(a)所示,如果态 $\rho_{E_1E_2}$ 是纠缠态,或者说模式 E_1、E_2 相互纠缠,彼此非局域相关,使用辅助模式集 e,Eve 并不能降低模式 E_1、E_2 中非局域相关性所对应的不确定性。在这种情况下,Eve 仅能够获取部分信息,而且模式

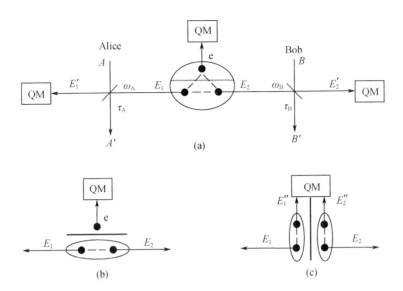

图6.8 基于中继的协议中 Eve 针对两量子信道的攻击方式

图(a):文献[122]提出的一般的双模相干攻击。本节证明该攻击是次优的,因为 Eve 并不能从模式 E_1、E_2 中的非局域相关性或不可共享的纠缠中获取完全的信息,如图中灰色的隔离器所示(表示部分隔离)。图(b):最糟糕的双模相干攻击情况。模式 E_1、E_2 所处的态为纠缠纯态,因此与 Eve 的辅助模式集 **e** 完全不纠缠,且在模式 E_1'、E_2' 中完全成为未知的噪声,无法帮助 Eve 获取 Alice 或 Bob 的编码信息,如图中粗黑色的隔离器所示(表示完全隔离)。图(c):两个独立的纠缠克隆攻击构成的最优攻击。模式 E_1、E_2 完全分离,如图中粗黑色的隔离器所示(表示完全隔离),且分别与 Eve 的辅助模式 E_1''、E_2'' 完全纠缠。该攻击能够达到由 Alice 和 Bob 的实验数据重构出的协方差矩阵所定量的最大的 Holevo 信息量。

E_1、E_2 越纠缠,Eve 所获取的信息量就越少,因此 Holevo 界 χ_{AE} 便不能被达到。这与 DIQKD 协议[44]类似,尽管 Eve 向 Alice 和 Bob 分发纠缠对,然而她仍然不能获知 Alice 和 Bob 之间的非局域相关性。特别是,当纠缠态 $\rho_{E_1E_2}$ 是纯态时,Eve 的辅助模式集 **e** 将不会与该纯纠缠态纠缠,如图6.8(b)所示,因此也就无法帮助 Eve 降低模式 E_1、E_2 的不确定性,而这种不确定性对她来说也就变成了完全未知的噪声,这对 Eve 来说是最糟糕的获取信息的情况。实际上,当中继处在 Alice 和 Bob 的中间,且信道是对称的情况下,模式 E_1、E_2 的协方差矩阵为

$$V_{E_1E_2} = \begin{pmatrix} \omega I & -\sqrt{\omega^2-1}Z \\ -\sqrt{\omega^2-1}Z & \omega I \end{pmatrix} \quad (6.28)$$

其中 ω 表示模式 E_1、E_2 的正交分量方差,由于该协方差矩阵所对应的态的纯度为1(纯度可由公式 $1/\sqrt{\det(\sigma_{E_1E_2})}$ 计算得出[100],其中 $\det(\sigma_{E_1E_2})$ 表示协方差矩

阵 $\boldsymbol{\sigma}_{E_1E_2}$ 的行列式),因此纠缠态 $\rho_{E_1E_2}$ 是纯态。在这种情况下,Eve 完全不知道模式 E_1、E_2 的正交分量的大小,辅助模式集 e 对她毫无帮助,因此 E_1、E_2 在模式 E_1'、E_2' 中就完全变成了未知噪声,如图 6.8(b)所示。为了清楚说明这一点,可以从 Eve 的角度计算她所获取的 Holevo 信息量,并将其与由协方差矩阵 $\boldsymbol{V}_{ab|\gamma}$ 计算的相应量进行比较。在对称信道情况下,记 $\tau_A = \tau_B := \tau$,$\omega_A = \omega_B := \omega$,Eve 窃取的模式所处的态可由协方差矩阵表示为

$$\boldsymbol{V}_{E_1'E_2'} = \begin{pmatrix} \left[(1-\tau)\mu + \tau\omega\right]\boldsymbol{I} & -\tau\sqrt{\omega^2-1}\boldsymbol{Z} \\ -\tau\sqrt{\omega^2-1}\boldsymbol{Z} & \left[(1-\tau)\mu + \tau\omega\right]\boldsymbol{I} \end{pmatrix} \tag{6.29}$$

类似地,由 6.4.1 节所提到的苏尔补公式,该态相对于 Bell 中继测量结果 γ 的条件协方差矩阵可计算为

$$\boldsymbol{V}_{E_1'E_2'|\gamma} = \boldsymbol{V}_{E_1'E_2'} - \boldsymbol{D}\boldsymbol{R}^{-1}\boldsymbol{D}^{\mathrm{T}} \tag{6.30}$$

其中 $\boldsymbol{D} := (d\boldsymbol{I}, d'\boldsymbol{Z})^{\mathrm{T}}$ 为模式 E_1'、E_2' 与 γ 的相关矩阵;$d := \langle \hat{q}_{E_1'}\hat{q}_- \rangle = \langle \hat{p}_{E_1'}\hat{p}_+ \rangle = \sqrt{\tau(1-\tau)}(\omega - \mu + \sqrt{\omega^2-1})$,$d' = \langle \hat{q}_{E_2'}\hat{q}_- \rangle = -\langle \hat{p}_{E_2'}\hat{p}_+ \rangle = -d$。矩阵 $\boldsymbol{R}$ 已由前文给出。相应地,条件协方差矩阵 $\boldsymbol{V}_{E_1'E_2'|\gamma\alpha}$ 也可类似求出。从而,由 Eve 的态直接算出的 Holevo 信息量可表示为

$$\chi_{AE}(\boldsymbol{V}_{E_1'E_2'|\gamma}) = S(\boldsymbol{V}_{E_1'E_2'|\gamma}) - S(\boldsymbol{V}_{E_1'E_2'|\gamma\alpha}) \tag{6.31}$$

该信息量如图 6.9 中实线所示,在对称信道情况下,明显小于由协方差矩阵 $\boldsymbol{V}_{ab|\gamma}$ 计算的 Holevo 信息量 $\chi_{AE}(\boldsymbol{V}_{ab|\gamma})$(图 6.9 中虚线所示)。由此可见双模攻击是次优的,而单模攻击是最优的。

当然,如果态 $\rho_{E_1E_2}$ 不是纠缠态,模式 E_1、E_2 之间的经典相关性仍然可以帮助 Eve 达到 Holevo 界 χ_{AE},但这与两独立的纠缠克隆攻击的效果是一样的[参考式(6.26)和式(6.27)],故没有什么区别。因此,针对 Bell 探测 CVQKD 协议,对于给定的协方差矩阵,双模攻击是次优的,而单模攻击可以达到最优。

6.4.3 安全边界

本节将会给出 Bell 探测协议密钥率的下界,这是因为 Bell 中继会泄漏部分经典信息,而在 Alice 和 Bob 的协方差矩阵给定时,该信息需要求出上确界。根据前节分析,当实验协方差矩阵 $\boldsymbol{V}_{ab|\gamma}$ 给定时或已知时,Bell 探测 CVQKD 协议的安全性可以在独立的纠缠克隆攻击下进行分析。注意,对于固定的 CM $\boldsymbol{V}_{ab|\gamma}$,Holevo 界 χ_{AE} 是保持不变的。式(6.22)中仅有的未知量为 Alice 和 Bob 之间的互信息 I_{AB},该互信息可由条件方差 $V_{b|\gamma}$ 和 $V_{b|\gamma\alpha}$ 进行计算。即

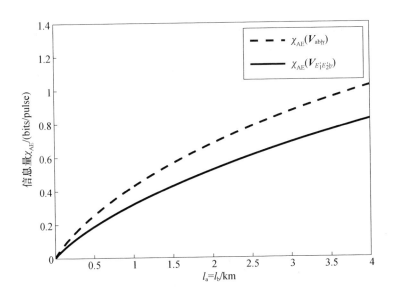

图 6.9　双模攻击下 Eve 与 Alice 的 Holevo 信息量比较

虚线表示由 Alice 和 Bob 的协方差矩阵 $V_{ab|\gamma}$ 计算的 Holevo 信息量，

实线表示相同参数下 Eve 真正获取的 Holevo 信息量。中继与通信双方之间的信道为对称信道，

即满足 $\tau_A = \tau_B := \tau, \omega_A = \omega_B := \omega$。光纤衰减系数为 0.2dB/km，模式方差 $\mu = 5$。

$$I_{AB} := \frac{1}{2}\log_2 \frac{V_{b|\gamma}^q + 1}{V_{b|\gamma\tilde{\alpha}}^q + 1} + \frac{1}{2}\log_2 \frac{V_{b|\gamma}^p + 1}{V_{b|\gamma\tilde{\alpha}}^p + 1} \tag{6.32}$$

其中 $V_{b|\gamma} = \text{diag}\left(\mu - \dfrac{\tau_B(\mu^2-1)}{\theta_-}, \mu - \dfrac{\tau_B(\mu^2-1)}{\theta_+}\right) := \text{diag}(V_{b|\gamma}^q, V_{b|\gamma}^p)$，

$V_{b|\gamma\tilde{\alpha}} = \text{diag}\left(\mu - \dfrac{\tau_B(\mu^2-1)}{\theta_- - \tau_A(\mu-1)}, \mu - \dfrac{\tau_B(\mu^2-1)}{\theta_+ - \tau_A(\mu-1)}\right) := \text{diag}(V_{b|\gamma\tilde{\alpha}}^q, V_{b|\gamma\tilde{\alpha}}^p)$。两者

均是由 CM $V_{ab|\gamma}$ 通过苏尔补公式得到。这样，上述互信息等式可进一步写为

$$I_{AB} = I_{AB'} - I_{AR} \tag{6.33}$$

其中

$$I_{AB'} = \frac{1}{2}\log_2 \frac{V_{\gamma|\beta}^q}{V_{\gamma|\alpha\beta}^q} + \frac{1}{2}\log_2 \frac{V_{\gamma|\beta}^p}{V_{\gamma|\alpha\beta}^p} \tag{6.34}$$

并且，

$$I_{AR} = \frac{1}{2}\log_2 \frac{V_{\gamma}^q}{V_{\gamma|\alpha}^q} + \frac{1}{2}\log_2 \frac{V_{\gamma}^p}{V_{\gamma|\alpha}^p} \tag{6.35}$$

注意 I_{AR} 正是 Bell 探测结果泄漏的信息，$I_{AB'}$ 是 Alice 和 Bob 的互信息，此时

Bob 已对其编码信息进行了重组,即按公式$(\gamma + \sqrt{\tau_B}\beta^*)$平移编码信息,这些量都可以在制备和测量(PM)实验中精确求解。等式(6.33)同时也显示了 EB 方案和 PM 实验的等价性,公式中的条件方差可写为

$$V_{\gamma|\alpha}^q = \theta_- - \tau_A(\mu - 1)$$

$$V_{\gamma|\alpha}^p = \theta_+ - \tau_A(\mu - 1)$$

$$V_{\gamma|\beta}^q = \theta_- - \tau_B(\mu - 1)$$

$$V_{\gamma|\beta}^p = \theta_+ - \tau_B(\mu - 1) \qquad (6.36)$$

$$V_{\gamma|\alpha\beta}^q = \theta_- - \tau_A(\mu - 1) - \tau_B(\mu - 1)$$

$$V_{\gamma|\alpha\beta}^p = \theta_+ - \tau_A(\mu - 1) - \tau_B(\mu - 1)$$

这些方差由公式 $V_{X|Y} = V(X) - \dfrac{|\langle XY \rangle|^2}{V(Y)}$ 计算得出。另外,$V_\gamma^q := \theta_-$,$V_\gamma^p := \theta_+$。由于 Eve 可以进一步降低其辅助模式 E_1、E_2 的不确定性,从而也降低了 γ 的不确定性,因而 I_{AR} 应该存在最大值或上确界。如图 6.8(c)所示,假设模式 $E_1''(E_2'')$ 与 $E_1(E_2)$ 纠缠,Eve 可以很容易降低 E_1、E_2 的不确定性,即它们的方差可分别写为 $V_{E_1|E_1''} = 1/\omega_A$,$V_{E_2|E_2''} = 1/\omega_B$[100,154]。$\omega_A$、$\omega_B$ 分别表示模式 E_1、E_2 的方差。因此,以 E_1''、E_2'' 为条件,Bell 探测结果(以 $\hat{q}_-$ 为例)的方差可以约化为

$$\theta_-' = (\tau_A + \tau_B)\mu + (1 - \tau_A)/\omega_A + (1 - \tau_B)/\omega_B \qquad (6.37)$$

注意 ω_A、ω_B 被混合进了 θ_-,且对 Alice 和 Bob 来说是未知的,因为 Bell 中继是非可信的,则对某个组合 ω_A、ω_B,θ_-' 存在最小值。对于给定的 $\theta_- = (\tau_A + \tau_B)\mu + (1 - \tau_A)\omega_A + (1 - \tau_B)\omega_B$,$\theta_-'$ 中自由变量只有一个,不失一般性可设定为 $\omega_A := \omega$。简单计算可得

$$\theta_-'(\omega) = (\tau_A + \tau_B)\mu + \frac{(1 - \tau_A)}{\omega} + \frac{(1 - \tau_B)^2}{\theta_- - (\tau_A + \tau_B)\mu - (1 - \tau_A)/\omega} \qquad (6.38)$$

据此 θ_-' 的最小值可由其一阶导数 $\theta_-'^{(1)} = 0$ 确定,即让 $\omega = \omega_0 := \dfrac{\theta_- - (\tau_A + \tau_B)\mu}{2 - \tau_A - \tau_B}$。实际上,很容易验证对于任意的 $\omega > 1$,其二阶导数 $\theta_-'^{(2)} > 0$。因此,最小值可写为

$$\theta_-^{\min} = (\tau_A + \tau_B)\mu + \frac{(2 - \tau_A - \tau_B)^2}{\theta_- - (\tau_A + \tau_B)\mu} \qquad (6.39)$$

同理,正交分量 $\hat{p}_+$ 的方差由上述过程也可以很容易得到,记为 $\theta_+^{\min}$。这样

Bell 中继泄漏的最大经典互信息量可写为

$$I_{AR}^{max} = \frac{1}{2}\log_2 \frac{\theta_-^{min}}{\theta_-^{min} - \tau_A(\mu - 1)} + \frac{1}{2}\log_2 \frac{\theta_+^{min}}{\theta_+^{min} - \tau_A(\mu - 1)} \qquad (6.40)$$

则 Alice 和 Bob 之间最小的 Shannon 互信息量便可计算得出

$$I_{AB}^{min} = \mathop{I_{AB}}\limits_{max I_{AR}}(\mu, \tau_A, \tau_B, \theta_-, \theta_+) \qquad (6.41)$$

注意,上述最小值的得出正是将 Bell 探测结果中所有的噪声归结为两最优组合的纠缠克隆攻击引入的噪声,这再一次证明了单模攻击是最优的而双模攻击是次优的结论。

另外,Alice 和 Eve 的 Holevo 的信息量 χ_{AE} 可写为

$$\chi_{AE} = S(\rho_{ab|\gamma}) - S(\rho_{b|\gamma\tilde{\alpha}}) \qquad (6.42)$$

其中 Von Neumann 熵 $S(\rho_{ab|\gamma})$ 和 $S(\rho_{b|\gamma\tilde{\alpha}})$ 可分别由协方差矩阵 $V_{ab|\gamma}$ 和 $V_{b|\gamma\tilde{\alpha}}$ 的辛本征值计算得出,这在前面都有类似的计算,不再赘述。最后,我们可以得到 Bell 探测 CVQKD 协议密钥率的下界值

$$K = \mathop{\min}\limits_{max I_{AR}} K(\mu, \tau_A, \tau_B, \theta_-, \theta_+) \qquad (6.43)$$

综合以上分析,针对 Bell 探测 CVQKD 协议或连续变量 MDI – QKD 协议,可以总结得出以下结论。

定理 6.1:针对连续变量 MDI – QKD 协议,窃听者向两量子信道注入纠缠或使它们相互关联,并不能帮助她获取比集体高斯攻击界定的更多的信息,即双模攻击是次优的;而在这种情况下,两信道上独立的纠缠克隆攻击却可足以帮助 Eve 达到 Holevo 信息量,并且同时可以使 Bell 中继泄漏最多的经典信息量,因此使得 Alice 和 Bob 得到一个最小的密钥率,即密钥率的下界。

对于给定的协方差矩阵,通过最大化 Bell 探测结果泄漏的经典信息量,可以得到密钥率的下界值。但该密钥率相对于直接由协方差矩阵计算的密钥率,降低得并不显著。这是由于信道噪声相对于调制方差还是比较小的。式 (6.39) 中的 θ_-^{min} 主要由调制方差决定。作为一个简单的例子,在图 6.10 中,给定 Alice 和 Bell 中继的距离,我们画出了 Bob 端离 Bell 中继的最大距离,此时密钥率取为 0。实线对应的密钥率指的是最大化 Bell 中继泄漏的经典信息量情况,而虚线对应的密钥率没有对 Bell 中继泄漏的经典信息量进行最大化。从图中可看出,当信道噪声变得足够大时(在仿真中,假设信道热噪声 (ω) 与光纤长度 (l) 成比例,比例系数为 (r),设定为 10^{-3} photons/km,即 $\omega = 2rl + 1$),两条线才有明显的不同。因此,在实际的 CVMDIQKD 实验中,当信道噪声较大时,本书所得出的密钥率的下界值才是安全的密钥率。

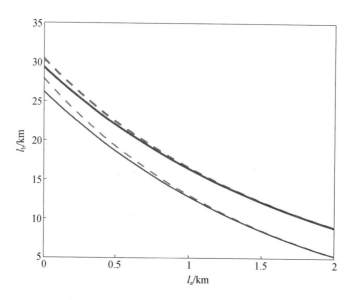

图 6.10   连续变量 MDI - QKD 安全阈值比较

记 Alice 和中继的距离为 l_a，安全阈值表示，对于给定的 l_a，Bob 和中继所能达到的最大安全距离。实线对应的密钥率表示 Bell 中继泄漏的经典信息量已被最大化，虚线表示没有最大化，线内区域表示密钥率大于 0，线外区域表示没有密钥率。从底端到顶端，Alice 和 Bob 发送模式的方差对于实线（虚线）分别取为 5,15（以散粒噪声为单位）。信道衰减系数为 0.2dB/km，热噪声率为 10^{-3}photons/km。

开放性问题：众所周知，当 Eve 攻击 Alice 和 Bob 用来传递量子态的量子信道时，她将不可避免地对接收者的测量结果引入一定的扰动，如噪声等。幸运的是，对于 CVQKD，所有的扰动都可以通过测量结果的二阶矩进行表征，或者说可完全由 Alice 和 Bob 的协方差矩阵进行描述。因此，基于高斯攻击的最优性，几乎所有的 CVQKD 协议的安全性都可以由协方差矩阵进行确定。在这种意义下，所有复杂的破坏中继测量的多模攻击都可以简化为单模攻击，因为 Holevo 界可由后者达到并实现。因此，向量子信道中注入纠缠或相关性并不能帮助 Eve 获取更多有用的信息。特别是，由于纠缠或非局域相关性的单配性，该方法并不是一个好的获取信息的方式，这对其他 QKD 协议或量子信息处理过程可能也同样如此。

由于噪声在协方差矩阵中所起的作用，该结论极大地简化了安全性分析。有趣的是，对于离散变量 MDI - QKD，噪声同样发挥着重要的作用，但并不是表现在协方差矩阵中，而体现在量子错误率中。类似地，只要正确地量化量子错误率，就足以确保这类协议的安全性，而不用管 Eve 对量子信道所做的是什么样的攻击。

最后,需要指出的是,Bell 探测 CVQKD 协议若测量设备无关,必须得保证 Bell 中继所测量的散粒噪声是可信的。注意,描述协方差矩阵的参数 τ_A, τ_B, θ_- 和 θ_+ 是由 Bell 中继给出的测量结果以及 Alice 和 Bob 公布的部分编码信息估算出来的。和传统的单向 CVQKD 协议一样,这些参数要想忠实地得到,必须得保证接收端测量的散粒噪声水平是可信的。这一点可以由可信的接收端得到保证,比如单向 CVQKD 协议的 Bob 端,但对非可信接收端,如非可信 Bell 中继,是很难得到保证的。因此,找寻好的方法来确保这一点是非常重要的,也是非常必要的。

6.5 非可信中继量子网络

随着 QKD 的快速发展,量子保密通信已被广泛应用于关键设施的保护和机密信息的传递。结合已有的经典通信网络,QKD 量子网络也广泛地铺展开来。美国、奥地利、瑞士、日本以及我国都有自己的 QKD 量子网络,但这些网络大多以可信节点为中继,节点间使用 QKD 协议不断产生密钥,以保证网络间的安全通信。然而,MDI – QKD 协议天然就是一个非可信中继网络模型,用户端只需发送编码信息,测量端则由非可信中继完成,真正做到了用户到用户的安全通信。那么,基于非可信中继的 QKD 量子网络,中继所连接的各个信道之间可能存在相互作用,其安全性目前还没有得到深入地研究。因此,本节就小范围地研究基于非可信中继的量子密码的安全性,并简要给出研究结果。

基于以上 Bell 探测 CVQKD 协议安全性分析,使用类似的方法,研究基于非可信中继的量子密码的安全性,可以得到以下两条结论。

定理 6.2:基于中继的量子密码协议,在安全性分析中,最优的攻击为单模攻击,而多模攻击是次优的。

首先,定义多模攻击为中继所连接的量子信道之间彼此存在相互作用,而单模攻击定义为这些信道是彼此独立的,之间没有相互作用。下面对定理 6.2,给出简单的证明,证明的关键仍然是纠缠的单配性。

证明:在基于中继的量子密码协议中,由中继所连接的量子信道可以被模型化为无噪无衰减的完美的量子信道加上一些分束器构成,通信方发送的初始模式(或量子比特,以下说法类似)与窃听者的注入模式由每个信道的分束器进行光学混合。Eve 的注入模式模拟实际非完美信道的噪声,分束器的透过率模拟信道传输率。为了从信道非完美性中获取信息,Eve 必须将这些注入模式与她的额外辅助模式进行纠缠来降低这些模式的不确定性,该攻击就是所谓的纠缠克隆攻击[79,100,154]。下面分两步进行证明:

一方面,如果量子信道有相互作用,相应地,Eve 的注入模式是相关的或纠缠的。然而,基于单配性,即使 Eve 的辅助模式与它们纠缠,该纠缠或非局域相关性也并不能被 Eve 完全获知。而且,注入模式间越是纠缠,Eve 所获取的信息越少。特别是,如果注入模式处在纠缠纯态,则 Eve 的辅助模式将不会与其纠缠,因此就无法帮助 Eve 降低注入模式的不确定性。该不确定性对 Eve 来说就完全变成了未知的噪声。在这种意义下,纠缠注入模式对量子信道引起的扰动所代表的信息并不能被 Eve 完全获知,这就意味着这种攻击对 Eve 来说是次优的。

另一方面,如果量子信道是独立的,则 Eve 的注入模式也是独立的。也就是说,各个信道的注入模式引入的噪声彼此之间并没有相关性。在这种情况下,基于传统的安全性分析[34,125],当 Eve 分别对每个信道采取最优攻击时,她便能够获取所有注入模式引起的扰动所对应的 Holevo 信息。另外,如果 Eve 的注入模式并不处在纠缠态,但却是经典相关的,这些经典相关性仍然可以帮助 Eve 达到扰动所界定的信息量。然而,这种情况与独立纠缠克隆攻击是没有区别的。因此,单模攻击在这种意义下就是最优的。

定理 6.3:对于非可信中继量子密码协议,无论连接中继的量子信道是独立的还是反相关的,其安全性都应基于单模攻击进行分析。

证明:在一个典型的 QKD 协议中,窃听者对量子信道的攻击不可避免地会对测量结果引入诸如噪声或衰减等非完美性扰动,因此也会对 Alice 和 Bob 的粗密钥数据引入错误率。Eve 窃取的信息量总可以正确地由该错误率进行定量。然而,对于基于非可信中继的 QKD 协议,信道衰减和信道噪声却由 Bell 中继探测结果反映。由于中继是非可信的,且各个信道的噪声和相关性都混合在 Bell 中继探测结果中,破坏中继测量的多模攻击和单模攻击是无法从探测结果中区分出来的。或者说,量子信道是独立的还是反相关的对 Alice 和 Bob 来说是未知的。由定理 6.2 可知,单模攻击是最优的,因此,对于给定的基于非可信中继的量子密码协议,所有的非完美性扰动都应看作是单模攻击引入的,从而算出密钥率的下界值,定理 6.3 得证。

另外,需要指出的是,这里强调信道是反相关的,是指信道的相互作用倾向于破坏中继测量结果或者中继建立的相关性,因此该相互作用可看作是密钥分发的扰动噪声。然而,信道还可能具备正相关性,此时该相关性有利于中继建立正关联性,表现为降低中继测量结果中的噪声扰动。从这个意义上来看,该情况并不能被称为窃听者的攻击,反而是辅助密钥分发。此时密钥率的计算仍然可以按常规方法进行,只是 Eve 所窃取的信息量将会大大降低,但信息量的多少仍然对应非完美性扰动的大小程度。

6.6 本章小结

本章提出并研究了连续变量 MDI‐QKD 协议的安全性,并将其结果推广应用到了基于非可信中继的量子网络。在安全性分析过程中,通过证明单模攻击和双模攻击下协议的安全性,提出并证明了针对该中继协议的最优攻击方式为单模攻击,而双模攻击是次优的。基于此,针对连续变量 MDI‐QKD 协议,通过最大化 Bell 中继泄漏的经典信息量,计算出了密钥率的下界值,并将证明过程和结果推广应用到了基于非可信中继的量子网络。这些结果完全不同于文献[122]所得出的结论,但会极大地促进人们对 QKD 中噪声的理解和对纠缠单配性的认识。此外,我们也期望本章所使用的方法以及得到的结果,能够广泛地应用到非可信中继量子网络以及其他的量子信息处理领域。

第7章 高安全性系统的探索与搭建

本章的主要内容属于实验探索性内容,为搭建高安全性 CVQKD 系统做铺垫。对于实际的 CVQKD 系统,本章从探测器、光源的构造和组成,探索了符合系统运行条件的器件制作过程,部分进行了实验验证。然后提出了连续变量 MDI - QKD 实验方案,该方案可以避免探测器侧信道攻击,如前章所述,可使 CVQKD 实际系统的现实安全性得到很大提升,且天然适合 QKD 量子网络的搭建,因此将具有很高的应用价值。

7.1 光学器件研制

本节将从传统的 CVQKD 实际系统的搭建所需要的部分关键器件进行介绍,期望能够自主研制符合实际系统运行条件的设备和器件,为连续变量 MDI - QKD 方案的实验实现打下基础。首先介绍连续变量 QKD 协议中一般所使用的探测设备平衡零拍探测器(Balanced Homodyne Detector,BHD),简单描述其工作原理及其制作过程,并给出部分实验验证和演示。然后针对实际系统所使用的另一个关键设备——大功率脉冲激光源进行介绍,主要介绍其工作原理和器件制备过程。

7.1.1 平衡零拍探测器

平衡零拍探测器的原理第 3 章已经详细介绍过了,包括单端口的和双端口的,但在 CVQKD 系统中,使用的是双端口的平衡零拍探测器。其原理简单说来,即用经典的强本底光干涉放大弱信号光场的两正交分量,本底光和信号光的附加相位差(0 和 π/2)决定测量 Q 分量还是 P 分量。当然,不同的相位差,还可以测量相空间任一方向的正交分量,即 Q 和 P 相空间的旋转分量,详情可参考第 3 章具体介绍,下面介绍平衡零拍探测器的制备过程。在介绍制备过程之前,首先了解一下平衡零拍探测器的重要性能参数:探测带宽、探测效率和电子学噪声(或电噪声)。探测带宽的要求是为了满足 CVQKD 系统高重复频率的需求,高速率系统要求探测带宽很大。另外,一般的 CVQKD 系统还要求很高的探测效率,因为在安全性分析中探测损耗等价于部分噪声,探测效率低不仅会降低密钥率,还会降低密钥分发的效率。然而,对一般的放大器来说,带宽增益积是固定的,因此,探测带宽和探测效率存在折中,需要选择很高的带宽增益积放大器。BHD 的另一个重要参数为放大电路的电子学噪声或电噪声,直接决定着探测器的信噪比,该噪声与放大电路的设计有关,因此放大电路的设计和优化是制备平衡零拍探测器的关键。另外,电子学噪声也与放大器芯片的带宽增益积存在折中,带宽增益积高的放大器芯片,一般电子学噪声也高。本实验选用 OPA847IDR 放大器芯片,且 BHD 的差分探测放大电路参考文献[99]的设计。该文献制作的 BHD,3dB 带宽为 104MHz,在本底光的强度为 8.5×10^8 photons/pulse 时,其信噪比可达到 13dB,共模抑制比(Common Mode Rejection Ratio)为 46dB。图 7.1 所示为参考设计的 BHD 差分放大电路图。

当信号光和本底光通过平衡分束器干涉后,分束器的两输出端口干涉光分别输入两光电二极管(PIN 管)进行探测。如图 7.1 所示,两光电二极管 PD1 和 PD2 反向接入,即两管压降均是反向偏置电压。无光入射时,两管均截止,无电流通过,但当有光照射两管时,两管导通,有电流通过,且两电流相减,差值电流流过电阻 R3,而后经历两级放大输出。差分电路实现了减法器的作用,符合平衡零拍探测器原理。关于平衡零拍探测器的制作原理,还可参考其他文献[178 – 181]。有的平衡零拍探测器的直流和交流分开分别进行放大,但这里所设计的平衡零拍探测器目标是高速探测器,电路要尽可能简单,因此没有隔离直流。

制作高速 BHD,根据自主研制探索的经验,需要注意以下事项。首先,两PD 管的电性能(单管响应曲线)要尽可能对称,最好能完全匹配,且两管的正负管脚应接在一起,以便更好地实现差分探测,如并排横躺焊接在一个焊盘上,或竖起焊接时通过一个焊盘孔。这样可以减少寄生电容和电感,也可以实现两管电路的对称性。其次,要注意运算放大器 OPA847IDR 外围电路的设计,特别是放大器正向端平衡电阻的选择。以前级放大电路为例,R3 和 R5 决定反向放大比例,正向端平衡电阻 R4 的大小理论上应是 R3 和 R5 的并联电阻值,但由于实际器件存在缺陷,以及电路和芯片中存在寄生电容和电感,因此,该值需要进行补偿和优化,故需要加上大小合适的电容 C5 和可调节电阻器 VR1。否则,放大器输出会有振荡噪声以及直流偏置。另外,三叉电阻 R6、R7 和 R8 耦合两级放大电路,能够阻隔前后级电路的反射噪声,避免相互串扰振荡,理论上应该是对称的。

最后,输出端接阻值为 50Ω 左右的电阻 R11,便于输出阻抗匹配,但该输出端应设计成两种接法:第一种接法如图 7.1 中所示;第二种接法,在放大器 U2后、电阻 R11 前分出一路接地,且该路串联一电阻,大小为 50Ω 左右。目的是消

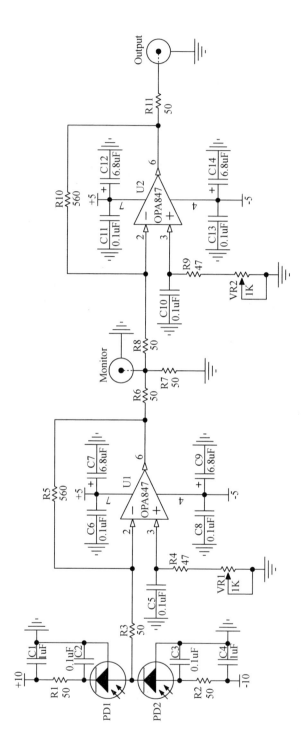

图7.1 平衡零拍探测器差分放大电路图

除可能由反射及阻抗不匹配引起的过大的振荡噪声。当放大器比例电阻很小时,很容易产生较大的振荡噪声,因此宜采用第二种接法。此外,由于图 7.1 中差分放大电路比较简单,为了易于实现低噪声的高速电路板,可以做成双面板,所有器件放在一面,另一面全部铺地,且信号走线加宽,信号层也全部铺地,并在信号线周围打满过孔,以利于降低寄生电感。另外,电源周围的电容起滤波作用,以滤除电源中的高频噪声,这里不再赘述。

根据图 7.1 中电路所示,最后输出信号的放大比例,应为

$$K = \left(-\frac{R5}{R3} \right) \cdot \frac{R7//R8}{R6 + R7//R8} \cdot \left(-\frac{R10}{R8} \right) \tag{7.1}$$

其中 $R7//R8 = R7R8/(R7 + R8)$,即 $R7$ 和 $R8$ 的并联电阻值。由图 7.1 中所示的各电阻值,比例放大倍数大约为 40 倍。图 7.2 所示为制作的 BHD 实物图。

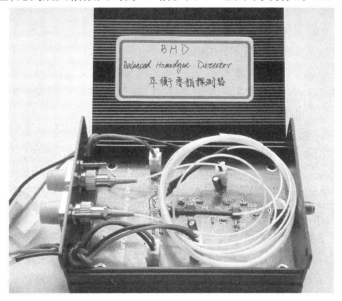

图 7.2　高速平衡零拍探测器实物图

7.1.2　大功率脉冲激光器

连续变量 QKD 实际系统所普遍使用的光源一般是大功率的连续波相干光源。光源输出光后通过高功率的强度调制器进行斩波,形成脉冲激光。该脉冲再通过非平衡分束器,被分成强经典本底光脉冲和弱信号光脉冲,进行信息编码和探测。由于市售大功率连续波激光器性能稳定,技术也比较成熟,且易操作,因此 CVQKD 实际系统普遍采用这种光源。然而,CVQKD 协议的安全性分析中

97

要求每个编码信号几乎都是相互独立的,这样通过对称化操作(或任意置换编码信号),相干攻击下的安全性可以等效于集体攻击下的安全性[86,91,92]。显然,这种通过斩波的方式获得的脉冲信号彼此之间是有一定的关联的(如相位关联、强度相互影响等),是否满足置换不变性有待进一步研究。虽然,到目前为止,还没有发现利用这种相关性攻击实际系统获取信息的报道,但这无疑为实际系统的安全性埋下了隐患。离散变量QKD针对该漏洞,很多实际系统中已经采用了内调制脉冲激光器,而通过外加调制器斩波的方法(外调制方法)产生脉冲的方式逐渐被替代(目前,为了实现简单,部分高速系统仍采用外调制方法产生高重复频率脉冲,但这些脉冲一般都需要添加主动相位随机化等额外装置,才能保证脉冲间相位的独立性。不过,这种方式并不能保证其他自由度的独立性)。这一方面,内调制激光器制作简单、易小型化,便于集成,且成本低;另一方面,内调制激光器输出的脉冲激光几乎是没有关联的。这与其产生机理有关,前后两脉冲都起源于独立的自发辐射,然后在激光腔中被选择放大增强,而自发辐射是随机的,因此,前后输出脉冲的相位几乎没有相关性。然而,在CVQKD实际系统中,由于需要从发射端产生经典的强本底光,因此所要求的脉冲激光器功率很高。目前,通过内调制产生大功率脉冲激光,难度还比较大,且脉冲线宽较大,干涉性差。本章就此方向参考一些文献[182 - 186]做了一些探索性研究。

大功率脉冲激光器的制作主要是设计较好的脉冲驱动电路或驱动电源。市场上有封装好的大功率窄线宽半导体激光二极管或激光器销售,内部一般都集成有热电制冷器(Thermal Electric Cooler,TEC)及反向保护二极管,因此只需要自己研制激光管的脉冲驱动电源及TEC的温控电路。图7.3所示为TEC的温控电路图,及市售激光二极管的封装图。

该激光二极管的中心波长为1550nm,峰值功率可达80mW(驱动电流为400mA),连续波线宽典型值为150kHz,其封装图如图7.3中的U2所示,为蝶形14针封装(Butterfly - 14PIN,N - type)。TEC + 和TEC - 为激光二极管内置TEC的接线引脚,Sens + 和Sens - 为内置热敏电阻传感器输出引脚,PD + 和PD - 为内置保护二极管的正负接线引脚,LD + 和LD - 为激光二极管的正负接线引脚。其他激光二极管的封装图可能略有出入,但一般都包含上述接线引脚。图7.3左边表示由TEC温控仪U1构成的温控电路,具体接法参考温控仪说明书。其中TEC + 和TEC - 引脚,以及Sens + 和Sens - 引脚分别接激光管的相应引脚,通过监视这些引脚的输入输出,即可调节温控仪的可变电阻(VR1、VR2和VR3)等参数,使激光管工作在额定温度内,并使其稳定在恒定温度上工作。激光管的正负引脚LD + 和LD - 接驱动电源,图7.4为参考[182,185]等文献设计的大功率激光二极管脉冲驱动电路。

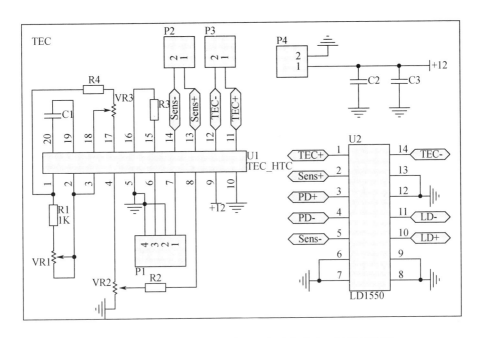

图 7.3　热电制冷器温控电路图及大功率激光二极管封装图

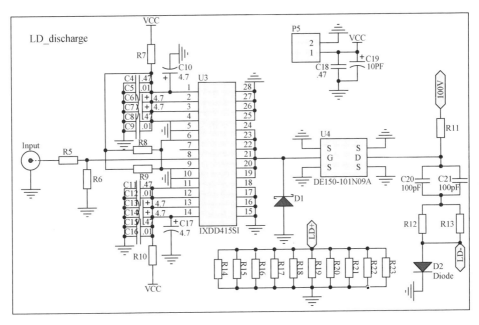

图 7.4　大功率激光二极管脉冲驱动电路图

脉冲驱动电路为 RC 放电电路,如图 7.4 所示,由电阻(R12,R13)和电容(C20,C21)及开关 U4 构成 RC 放电回路,高压和充电限流电阻 R11 与上述电阻电容构成充电电路。核心部件为开关芯片 U4 及其驱动芯片 U3。U4 为射频功率场效应管(RF Power MOSFET),型号为 DE150 - 101N09A,漏源电压 VDSS 为100V,漏极电流最大可达 9A,足以满足我们的需求。U3 为相应配套的驱动芯片,型号为 IXDD415SI。这两个芯片价格相对比较昂贵,不容易购到。根据已有的半导体激光二极管的性能参数,预制的脉冲驱动电路需要满足以下条件。

(1) 放电回路的脉冲峰值电流可调,且最大能达到 400mA。

(2) 脉冲半高宽度典型值为 100ns,且可调。CVQKD 实际系统中,激光源脉冲一般为几十纳秒到几百纳秒。

(3) 脉冲波形极性为正,形状为钟形或近似为驱动脉冲波形。

(4) 工作方式为外触发,即外接驱动脉冲信号,由图 7.4 中 Input 端引入。方便调节脉冲驱动信号,当然也可以接成内触发,需要额外设计脉冲驱动信号发生电路。

(5) 工作频率应在 500kHz ~ 100MHz 以内可调。当然,频率越高,越难实现,典型值达到 500kHz 即可满足实际的 CVQKD 实验需求。

为了实现上述指标,脉冲驱动电路需要合理选择电阻电容值,使得电路参数符合要求。这可以通过电路仿真软件 Multisim 进行模拟。首先简单描述下电路的基本工作原理。当输入端(Input 端)信号为 0 或低电平时,场效应管关闭,漏极 D 与源极 S 之间相当于断路,高压端(100V)通过电阻电容及二极管(D2)对电容进行充电,这里为了使电容可调,多接了几个并联电容。激光管反向偏置,几乎无电流通过,不出光。当输入端为高电平时,即输入脉冲信号,场效应管打开,漏源电极通路,电容通过放电回路进行放电,放电电流通过激光管,驱动激光管工作,从而产生脉冲激光。与激光管并联的钳位二极管起保护作用,也可以接激光管内置的二极管达到保护作用,防止充电电流过大烧坏激光管,同时也防止放电后的反向浪涌的危害。另外,与激光管串联的小阻值并联电阻,是为了便于测量放电回路中的大电流。简化的电路仿真图如图 7.5 所示。

图 7.5 中已用普通的二极管代替了激光管,并附加电感 L1 模拟实际激光管寄生电感。电路中用电流探针直接对放电回路的电流进行测量,其单位为 mV/mA。调试仿真电路时,电路参数的选择非常重要,具体可分为以下情况。

(1) 充电限流电阻的选择。电阻 $R2$ 越大,充电时间常数越大,充电电流越小,导致重复频率跟不上,来不及充电,脉冲幅度小。另外,较小的充电电流不足以抵消激光管等电路寄生电感感生的放电电流,导致脉宽变宽,拽尾过长。电阻越小,充电时间常数大,充电越快,充电电流也大,重复频率可提高,脉宽也可以

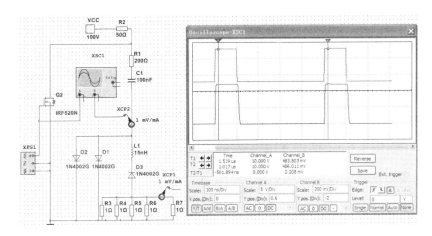

图 7.5   大功率激光二极管脉冲驱动电路仿真图

不增宽,下降沿可减小,但脉冲反向感生电流大,上升沿变大。

(2) 放电限流电阻的选择。电阻 $R1$ 的选择,主要是为了匹配激光管的最大正向输出电流,例如,80mW 的激光管典型值为 400mA。电阻小,放电时间常数小,放电就越快,脉冲窄,幅度大,放电峰值电流大。电阻大,放电慢,脉冲接近驱动脉冲信号的矩形形状,但幅度小,电流也小,可能达不到激光管需要的额定电流。因此充放电限流电阻要选择匹配好,且要考虑与寄生电感的匹配,才能获得高重复频率、高输出电流、近规则的矩形脉冲。

(3) 开关场效应管的栅源电压,即驱动脉冲信号电压幅度影响驱动电路输出脉冲的上升沿,电压小,上升沿大;电压大,上升沿小,因此可用来弥补充电限流电阻小带来的缺陷。

总的说来,驱动电路中开关信号幅度应尽量大,充电限流电阻尽量小,放电电阻尽量大,充放电电容尽量大。图 7.5 中所示驱动脉冲,重复频率可达到 2MHz,脉宽 100ns,脉冲峰值电流可达到 400~500mA,基本可以使激光管正常工作,并可以达到最大输出功率 80mW。根据以上调试经验,实际电路中电路参数的选择便有了针对性,对实际电路的设计具有重要的指导意义。

7.2   连续变量 MDI – QKD 实验方案

对于高安全性系统的探索和搭建,一直是 QKD 领域人们不懈追求的方向。基于传统的单向 CVQKD 实际系统,利用基本的设备和器件,可以尝试搭建安全性更高的连续变量 MDI – QKD 系统。正如前章所介绍,连续变量 MDI – QKD 可以避免探测端侧信道攻击。虽然如此,但如何高效实现 Bell 态探测是一个很大的难题。另外,参考系的校准也比较困难,通信双方本底光的干涉测量具有很大的限制。到本书定稿为止,还没有出现真正的连续变量 MDI – QKD 系统的实验实现报道。本章针对这些问题尝试提出新的实验方案,探索连续变量 MDI – QKD 实验实现的可能。

7.2.1 本底光局域制备

本底光是制备信号态时的参考光,用于定义信号调制的相空间坐标系,并对弱信号进行放大测量,即前文所述的零拍探测。一般本底光伴随着信号光由态制备方同时发送给接收方,然后接收方使用该本底光进行零拍探测。原则上,本底光可由接收方局域产生,从而用于零拍探测,但由于对实验设备要求较高,实施起来比较困难。文献[170,171]对局域制备本底光并应用于零拍探测进行了实验演示,结合目前实验技术,该方法有望广泛应用于 CVQKD 实际系统。局域制备本底光不仅可以降低信号光和参考光在信道中的串扰,还可以大大简化CVQKD 系统,使其芯片集成化成为可能,同时也可以避免各种通过信道操纵本底光对 CVQKD 实际系统进行的侧信道攻击[61,62,159]。因此局域制备本底光具有非常大的应用价值,值得深入地进行理论探索和实验验证。下面回顾本底光局域制备过程及其用于零拍探测的测量原理。

一般来说,相对于信号光,本底光或参考光定义了相空间表示中的坐标系。本底光所处的态一般放在坐标系光场的 Q 正交分量轴上,当然也可以放在 P 轴上,或者任一轴上,但为了零拍探测读取方便,则一般放在 Q 或 P 轴上,二者相差 $\pi/2$ 相位。若想测量任一角度的两正交分量,如前文所述,可以旋转本底光到该角度,即可测量旋转后的正交分量。换句话说,平衡零拍探测时所用的本底光决定了探测端的参考系。若该参考系与发送端的参考系匹配或重合,则可以正确测出信号光的两正交分量。若二者不匹配,旋转一个角度,则所测量的正交分量是信号光原正交分量的旋转叠加,具体可参考图 7.6。

图 7.6 所示为信号制备端的参考系与探测端的参考系未校准的情况,即二者旋转一个角度。由图可见,本底光与信号光的两正交分量相对于探测端参考系分别旋转了 θ 角。由坐标变换可知,只要知道了该 θ 角,即可由探测结果求出信号光的原正交分量。如图 7.6(a)所示,一般来说,为了方便,参考光在制备端参考系中的 P 分量取为零。设零拍探测参考光后的探测结果为 q_{BR} 或 p_{BR}(这里,q_{BR} 和 p_{BR} 若想同时得到,可以差分探测参考光,即将其一分为二分别进行正交测量,但会引入一个单位的散粒噪声。或者,分别探测两个近邻的参考光脉冲,一个测量 Q 分量,另一个测量 P 分量,但两参考光脉冲相位差需要恒定),即

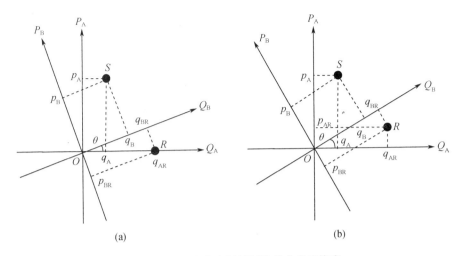

(a)　　　　　　　　　　　　　　　　(b)

图 7.6　基于本底光局域制备的参考系校准

为参考光脉冲正交分量在探测端参考系中的坐标表示,很容易得到

$$\theta = \arctan\left(-\frac{p_{BR}}{q_{BR}}\right) \tag{7.2}$$

为了准确得到 θ 角的值,不失一般性,可将其限定在 $(-\pi, \pi]$ 的范围内。由于探测参考系相对于制备参考系旋转 θ 角,设信号光脉冲的正交分量在制备参考系的值为 (q_A, p_A),则探测后的结果为 (q_B, p_B),二者相差一旋转变换,即

$$\begin{pmatrix} q_B \\ p_B \end{pmatrix} = \begin{pmatrix} \cos\theta & \sin\theta \\ -\sin\theta & \cos\theta \end{pmatrix} \begin{pmatrix} q_A \\ p_A \end{pmatrix} \tag{7.3}$$

由参考光正交分量在两参考系中的变换关系,可求出 θ,如式(7.2)所示。从而由上述公式即可求出信号光在制备参考系中的原正交分量值。在 CVQKD 中,通信双方为了建立数据相关性,制备方也可以将其信号态制备时的原正交分量相应旋转上述 θ 角,从而得到探测正交分量值。注意,上述过程并没有考虑各种测量的非完美性所带来的测量误差,以及量子信号本身所固有的不确定性量子波动,这在 CVQKD 中都可以当作非可信的噪声来进行处理。另外,在制备参考光时,更一般的情况是其 P 正交分量并不为零,如图 7.6(b)所示。参考光在制备参考系中的正交分量值可表示为 (q_{AR}, p_{AR}),若该值已知,则只要知道其在探测参考系中的坐标表示 (q_{BR}, p_{BR}),则可由下述坐标变换公式求得 θ 值。

$$\begin{pmatrix} q_{BR} \\ p_{BR} \end{pmatrix} = \begin{pmatrix} \cos\theta & \sin\theta \\ -\sin\theta & \cos\theta \end{pmatrix} \begin{pmatrix} q_{AR} \\ p_{AR} \end{pmatrix} \tag{7.4}$$

即,θ 角的值为

$$\theta = \arctan\left(-\frac{p_{BR}q_{AR} - q_{BR}p_{AR}}{q_{BR}q_{AR} + p_{BR}p_{AR}}\right) \tag{7.5}$$

综上所述,当信号态制备参考系与探测参考系未校准时,可由参考脉冲在两参考系中的坐标变换关系求出参考系旋转角度,由该角度即可求出信号光两正交分量在两参考系中的坐标变换关系。这里旋转角度由于实验的非完美性不可能精确求得,因此会对信号光正交分量的坐标变换关系产生一定的误差,表现为变换后的正交分量存在额外的噪声,相关性下降。

7.2.2 实验设计方案

由前章可知,连续变量 MDI - QKD 的实验实现需要参考系的校准以及本底光的干涉。目前,还没有远距离的采用独立激光器的实验演示,只有文献[122]给出了自由空间中连续变量 MDI - QKD 原理性实验验证。在该实验演示中,通信双方及中继测量端共用一台激光器,实际信道的衰减由自由空间中的分束器来进行模拟。演示结果表明,连续变量 MDI - QKD 可以达到很高的码率,而且也可以实现很长的通信距离。然而,该演示距真正的实验实现还有很大的差距。面临的主要困难有两点:一是怎样实现两台独立的远距离激光器的稳定干涉,这对激光器的性能要求较高;二是怎样校准通信双方的编码参考系或态制备参考系,以及中继端高效的 Bell 态测量。在前章中我们提出了参考系的定义方式,但这需要本底光的干涉,同时还需要发送方向中继端发送本底光。中继端既要进行本底光的干涉,还需要根据干涉测量结果重新调制信号光,最后还要用发送端的本底光进行平衡零拍探测,这无疑增加了中继测量端的技术难度,凭借现有的技术水平目前还无法实现。

然而,由前节可知,局域制备本底光可以大大简化 CVQKD 系统,而且已经得到了实验验证。本节根据 7.2.1 节局域制备本底光的测量原理,提出连续变量 MDI - QKD 实验实现方案。该方案测量端局域制备本底光,不仅大大简化了 Bell 态测量,还有效解决了参考系的定义和校准问题,为实验实现扫清了关键技术障碍。实验装置原理图如图 7.7 所示。

在该实验方案中,通信双方和测量中继可以划分为功能相对独立的三大模块,其中发送方 Alice 端和 Bob 端功能相同、设备结构简单,中继测量端设备多、结构相对复杂,但也不难实现。下面对各个模块的构成和功能分别进行介绍。

在连续变量 MDI - QKD 中,通信双方在数据协调前都是编码端,因此都扮演着信号发送的角色,设备构成相同,如图 7.7 所示。以 Alice 端为例,其设备构成主要包括激光器(Laser Diode,LD)、幅度和相位调制器(Amplitude/Phase Mod-

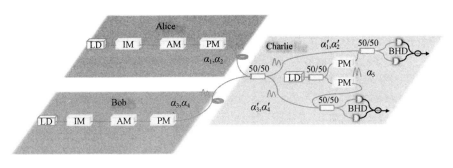

图 7.7　连续变量 MDI – QKD 实验实现原理图

ulator, AM/PM)。激光器为连续波激光器,其输出光需要外加强度调制器(Intensity Modulator, IM)斩波形成光脉冲。注意,这里使用连续波激光器是为了中继端测量方便,中继端采用局域制备的本底光进行零拍测量,需要信号光和参考光脉冲相位差恒定(参考前节介绍的局域制备本底光测量原理)。连续光斩波的方法可以很容易地保证这一点,但这样会使得各个编码脉冲之间具有一定的相位相关性,正如前面 7.1.2 节所说,可能会影响密钥分发的安全性。当然,为了安全性考虑,也可以使用前节所介绍的大功率脉冲激光器,其脉冲的产生是由激光器内调制实现的,各个脉冲之间的相位相关性几乎可以忽略不计。在实现编码时,可将一个相对较宽的脉冲使用强度调制器前后一分为二,分别作为信号光和参考光脉冲。Alice 端的幅度和相位调制器分别对信号光脉冲两正交分量进行随机调制,完成编码,即将信号光脉冲调制在中心为 (q_A, p_A) 的相干态上,其中 q_A 和 p_A 服从均值为零的高斯分布,其方差为信号编码的调制方差。Bob 端和 Alice 端的功能相同,但需要他们的激光器具有很好的相干性,能够在中继端实现稳定的干涉。

　　Charlie 端或中继端,主要实现 Bell 态探测并忠实地公布探测结果。具体来说,发送方(Alice 和 Bob)发送的信号光和参考光脉冲分别通过 Charlie 端的第一个 50/50 分束器进行干涉,其中信号光和信号光干涉,参考光和参考光干涉。

　　分束器干涉后的输出结果,一路通过 BHD 测量 Q 分量,另一路测量 P 分量。平衡零拍测量时所使用的本底光由 Charlie 端局域制备,如图 7.7 所示,Charlie 端的激光器输出的脉冲激光一分为二,分别输入给两 BHD。注意,该激光器可为连续波激光器,也可以进行外调制斩波成脉冲激光器,但没有必要使用内调制的大功率激光器,因为 Charlie 端本身就是处在 Eve 完全控制的非可信端,对测量设备的安全性没有要求。因此,Charlie 端激光器只要能够满足测量需要就可以,但要与 Alice 和 Bob 的激光器具有很好的相干性,即能够与它们发生稳定的干涉。另外,激光器分出的两本底光要分别通过相位调制器附加 0 或 π/2 相位,以合理选择测量 Q 分量或 P 分量。

通过上述装置,实验实现连续变量 MDI – QKD 将成为可能。其中,关键点为实现三台独立的激光器的稳定干涉,而参考系的定义和校准则可以由数据后处理实现,下节将对此进行详细介绍。另外,Charlie 端如何实现 Bell 态测量,也将会在下节中给出具体的描述。

7.2.3　参考系的定义和校准

7.2.2 节给出了连续变量 MDI – QKD 的实验设计方案,该方案是否能够真正实现第 6 章所给出的理论模型取决于发送方和探测方参考系的定义和校准。为了方便,假设 Alice 和 Bob 分别以各自的参考光为相空间坐标系的横轴,即在他们各自的信号调制坐标系中,参考光所处的态 P 分量为零。这样以参考光所处的态为横轴,Alice 和 Bob 分别定义了各自的参考系。接下来叙述如何实现这两个参考系的校准和有效的 Bell 态测量。由 7.2.1 节可知,使用局域制备的本底光进行平衡零拍探测,其原理是利用参考光在制备和探测参考系的坐标表示,求出两参考系的旋转角度,从而可以根据信号光的探测结果,通过旋转变换,求出信号光在原制备参考系下的正交分量,或者制备方根据信号光在原制备参考系下的正交分量,通过旋转变换,求出与探测结果相关的正交分量。这些都属于经典数据后处理范畴,因此大大简化了实验步骤。在 Charlie 端,利用局域制备的本底光进行平衡零拍探测,关键是需要求出 Alice 和 Bob 发送信号之间的相位关系,也就是求出信号光和参考光在干涉前后坐标系的变换关系。下面为了简单,假设 Alice 和 Bob 制备的信号无衰减地传输到 charlie 端,即纯粹地研究 Bell 态探测实现过程,不考虑信道的影响,同时忽略信号光的量子波动,将其看作经典光,最终结果加上修正项即可。

设 Alice(Bob)制备的参考光和信号光所处的态分别为 $|\alpha_1\rangle$ 和 $|\alpha_2\rangle$($|\alpha_3\rangle$ 和 $|\alpha_4\rangle$)。暂不考虑量子波动,均视为经典光,用相空间里的复数则可以表示为

$$
\begin{aligned}
\alpha_1 &= |\alpha_1|\,\mathrm{e}^{\mathrm{i}\theta_1} \\
\alpha_2 &= |\alpha_2|\,\mathrm{e}^{\mathrm{i}\theta_2} \\
\alpha_3 &= |\alpha_3|\,\mathrm{e}^{\mathrm{i}\theta_3} \\
\alpha_4 &= |\alpha_4|\,\mathrm{e}^{\mathrm{i}\theta_4}
\end{aligned}
\tag{7.6}
$$

如图 7.7 所示,记参考光 α_1 和 α_3 干涉产生参考光脉冲 α_1' 和 α_3',信号光 α_2 和 α_4 干涉产生信号光脉冲 α_2' 和 α_4'。其复数表示可写为

$$\alpha_1' = \frac{\alpha_1 - \alpha_3}{\sqrt{2}} := |\alpha_1'| e^{i\theta_1'}$$

$$\alpha_2' = \frac{\alpha_2 - \alpha_4}{\sqrt{2}} := |\alpha_2'| e^{i\theta_2'}$$

$$\alpha_3' = \frac{\alpha_1 + \alpha_3}{\sqrt{2}} := |\alpha_3'| e^{i\theta_3'} \tag{7.7}$$

$$\alpha_4' = \frac{\alpha_2 + \alpha_4}{\sqrt{2}} := |\alpha_4'| e^{i\theta_4'}$$

上述所有复数的表示均在同一参考系下得到,该参考系可为任一参考系,不失一般性可假设为 Alice 的态制备参考系。对应复数的幅值与幅角表示,每个复数还存在坐标表示,上述 α_1、α_2、α_3 和 α_4 的坐标表示可记为

$$\alpha_1 = \begin{pmatrix} q_1 \\ p_1 \end{pmatrix}, \alpha_2 = \begin{pmatrix} q_2 \\ p_2 \end{pmatrix}$$

$$\alpha_3 = \begin{pmatrix} q_3 \\ p_3 \end{pmatrix}, \alpha_4 = \begin{pmatrix} q_4 \\ p_4 \end{pmatrix} \tag{7.8}$$

则相应地,α_1'、α_2'、α_3' 和 α_4' 的坐标表示可写为

$$\alpha_1' = \frac{1}{\sqrt{2}} \begin{pmatrix} q_1 - q_3 \\ p_1 - p_3 \end{pmatrix}, \alpha_2' = \frac{1}{\sqrt{2}} \begin{pmatrix} q_2 - q_4 \\ p_2 - p_4 \end{pmatrix}$$

$$\alpha_3' = \frac{1}{\sqrt{2}} \begin{pmatrix} q_1 + q_3 \\ p_1 + p_3 \end{pmatrix}, \alpha_4' = \frac{1}{\sqrt{2}} \begin{pmatrix} q_2 + q_4 \\ q_2 + p_4 \end{pmatrix} \tag{7.9}$$

若 α_3 在 α_1 参考系的坐标表示已知,则通过 α_5 与 α_1'、α_2' 零拍探测可求出 α_2' 的坐标值。同理,α_4' 的坐标值也可以类似求出。其中,α_5 与 α_1' 或 α_3' 的零拍探测结果用来求 α_5 代表的探测坐标系与 α_1 代表的制备坐标系的旋转角。为了说明问题,先从简单的特例开始进行分析。

设 Alice 和 Bob 的态制备参考系相同,即二者完全匹配,且他们的参考光脉冲所处的态 P 分量均为零。此时,可将幅角写为 $\theta_1 = 0, \theta_2 = \varphi_A$;$\theta_3 = 0, \theta_4 = \varphi_B$,则相应地,$\alpha_1$、$\alpha_2$、$\alpha_3$ 和 α_4 可写为

$$\alpha_1 = \begin{pmatrix} |\alpha_1| \\ 0 \end{pmatrix}, \alpha_2 = \begin{pmatrix} q_A \\ p_A \end{pmatrix}$$

$$\alpha_3 = \begin{pmatrix} |\alpha_3| \\ 0 \end{pmatrix}, \alpha_4 = \begin{pmatrix} q_B \\ p_B \end{pmatrix} \tag{7.10}$$

从而可以得到 α_1'、α_2'、α_3' 和 α_4' 的坐标,即

$$\alpha_1' = \frac{1}{\sqrt{2}}\begin{pmatrix} |\alpha_1| - |\alpha_3| \\ 0 \end{pmatrix}, \quad \alpha_2' = \frac{1}{\sqrt{2}}\begin{pmatrix} q_A - q_B \\ p_A - p_B \end{pmatrix}$$

$$\alpha_3' = \frac{1}{\sqrt{2}}\begin{pmatrix} |\alpha_1| + |\alpha_3| \\ 0 \end{pmatrix}, \quad \alpha_4' = \frac{1}{\sqrt{2}}\begin{pmatrix} q_A + q_B \\ p_A + p_B \end{pmatrix} \tag{7.11}$$

若 $\theta_5 = 0$,则所有脉冲均在同一参考系,BHD 的探测结果即为 α_2' 的 Q 正交分量和 α_4' 的 P 正交分量,恰为第 6 章所给出的 Bell 态测量结果。

然而,若 $\theta_5 \neq 0$,则 α_5 所代表的探测参考系相对于 α_1 所在的制备参考系旋转 θ_5 的角度,该角度可以根据 α_5 与 α_1' 或 α_3' 的零拍探测结果由式(7.5)求出,从而信号脉冲在探测参考系中的坐标表示为

$$\alpha_2'' = \frac{1}{\sqrt{2}}\begin{pmatrix} (q_A - q_B)\cos\theta_5 + (p_A - p_B)\sin\theta_5 \\ -(q_A - q_B)\sin\theta_5 + (p_A - p_B)\cos\theta_5 \end{pmatrix}$$

$$\alpha_4'' = \frac{1}{\sqrt{2}}\begin{pmatrix} (q_A + q_B)\cos\theta_5 + (p_A + p_B)\sin\theta_5 \\ -(q_A + q_B)\sin\theta_5 + (p_A + p_B)\cos\theta_5 \end{pmatrix} \tag{7.12}$$

控制 Charlie 端两本底光的相位,即分别调制 0 和 $\pi/2$ 相位,则可以得到信号脉冲的零拍探测结果,即 α_2'' 的 Q 分量,α_4'' 的 P 分量,再结合 θ_5 的大小,便可求出 Bell 态测量结果。

根据以上结果,便可以分析最一般的情况,即发送方或态制备方 Alice 和 Bob 的态制备参考性不匹配的情况。此时,θ_3 相对于 θ_1 不为零,即 $\theta_3 \neq 0$,$\theta_4 = \theta_3 + \varphi_B$。以 α_1 所在的态制备坐标系为参考,则

$$\alpha_3 = \begin{pmatrix} |\alpha_3|\cos\theta_3 \\ |\alpha_3|\sin\theta_3 \end{pmatrix}$$

$$\alpha_4 = \begin{pmatrix} |\alpha_4|\cos(\theta_3 + \varphi_B) \\ |\alpha_4|\sin(\theta_3 + \varphi_B) \end{pmatrix} = \begin{pmatrix} q_B\cos\theta_3 - p_B\sin\theta_3 \\ q_B\sin\theta_3 + p_B\cos\theta_3 \end{pmatrix} := \begin{pmatrix} q_B' \\ p_B' \end{pmatrix} \tag{7.13}$$

由前面的特例分析可知,最后根据信号脉冲的零拍探测结果,可得到 Bell 态测量值 $(q_A - q_B')/\sqrt{2}$ 与 $(p_A + p_B')/\sqrt{2}$。(q_B', p_B') 为 Bob 端的信号态在 Alice 态制备参考系下的坐标表示,它与 Bob 的态制备参考系下的坐标表示相差一旋转变换,旋转角为 θ_3。因此,只要求出该旋转角,便可确切地知道 q_B'、p_B' 的值。下面根据参考脉冲的探测结果来计算这些未知量。

由 α_1 和 α_3 的坐标表示,可以得到它们的干涉结果的坐标表示,即

$$\alpha_1' = \frac{1}{\sqrt{2}} \begin{pmatrix} |\alpha_1| - |\alpha_3|\cos\theta_3 \\ -|\alpha_3|\sin\theta_3 \end{pmatrix}$$

$$\alpha_3' = \frac{1}{\sqrt{2}} \begin{pmatrix} |\alpha_1| + |\alpha_3|\cos\theta_3 \\ |\alpha_3|\sin\theta_3 \end{pmatrix} \tag{7.14}$$

若 $\theta_5 = 0$,则 BHD 探测结果即为 α_1' 和 α_3' 的大小,由于 $|\alpha_1|$ 和 $|\alpha_3|$ 已知,由式 (7.14) 所联立的多个方程足以解出 θ_3 的值。注意,正如前面所说,这里忽略了噪声的影响,同时也忽略了两 BHD 非对称性引入的误差。

若 $\theta_5 \neq 0$,记 BHD 对参考脉冲的探测结果为

$$\alpha_1'' = \begin{pmatrix} q_1'' \\ p_1'' \end{pmatrix}, \alpha_3'' = \begin{pmatrix} q_3'' \\ p_3'' \end{pmatrix} \tag{7.15}$$

则可以得到两组方程,即由第一个 BHD 的探测结果得到的方程组

$$\sqrt{2}q_1'' = (|\alpha_1| - |\alpha_3|\cos\theta_3)\cos\theta_5 - |\alpha_3|\sin\theta_3\sin\theta_5$$

$$\sqrt{2}p_1'' = -(|\alpha_1| - |\alpha_3|\cos\theta_3)\sin\theta_5 - |\alpha_3|\sin\theta_3\cos\theta_5 \tag{7.16}$$

和第二个 BHD 的探测结果得到的另一个方程组

$$\sqrt{2}q_3'' = (|\alpha_1| + |\alpha_3|\cos\theta_3)\cos\theta_5 + |\alpha_3|\sin\theta_3\sin\theta_5$$

$$\sqrt{2}p_3'' = -(|\alpha_1| + |\alpha_3|\cos\theta_3)\sin\theta_5 + |\alpha_3|\sin\theta_3\cos\theta_5 \tag{7.17}$$

两个未知数 θ_3 与 θ_5,四个方程,理论上可以完全解出。由 θ_3 即可求出 q_B'、p_B' 的值,Bob 只需要对其制备态的正交分量做一个 θ_3 的旋转操作即可。

综合以上分析可知,Charlie 端局域制备本底光,不仅可以用来进行零拍探测,测量出信号光的正交分量,还可以完成 Alice 和 Bob 各自态制备参考系的校准,从而实现真正的 Bell 态测量,为连续变量 MDI – QKD 的实验实现扫清了障碍。

7.3 本 章 小 结

本章主要探索了 CVQKD 系统关键设备和器件平衡零拍探测器和大功率脉冲激光器的研制,分析了它们的工作原理及其设计方法。进而,提出了连续变量 MDI – QKD 实验实施方案。在回顾了本底光局域制备测量原理后,给出了连续

变量 MDI – QKD 实验实现的可行性分析。结果表明,采用局域制备的本底光进行零拍探测,不仅可以校准 Alice 和 Bob 的态制备参考系,还可以实现真正的 Bell 态测量,从而突破了连续变量 MDI – QKD 实验实现的最后瓶颈,最终为其实验演示铺平了道路。

附录 符号表

QKD 量子密钥分发（Quantum Key Distribution）

DVQKD 离散变量量子密钥分发（Discrete - Variable Quantum Key Distribution）

CVQKD 连续变量量子密钥分发（Continuous - Variable Quantum Key Distribution）

DIQKD 设备无关量子密钥分发（Device - Independent Quantum Key Distribution）

MDI - QKD 测量设备无关量子密钥分发（Measurement - Device - Independent Quantum Key Distribution）

ES 纠缠交换（Entanglement Swapping）

GMCS 高斯调制相干态（Gaussian Modulated Coherent State）

LO 本底光（Local Oscillator）

BHD 平衡零拍探测器（Balanced Homodyne Detector）

HOD 零拍探测（Homodyne Detection）

HED 差分探测（Heterodyne Detection）

DR 正向协调（Direct Reconciliation）

RR 反向协调（Reverse Reconciliation）

CM 协方差矩阵（Covariance Matrix）

I_{AB} Alice 和 Bob 间香农互信息（Shannon Information between Alice and Bob）

K 密钥率（Key Rate）

V,μ 调制方差（Modulation Variance）

χ Holevo 信息量或信道噪声（Holevo Bound/Information or Channel Noise）

T 信道传输率（Channel Transmission）

ε 信道额外噪声（Channel Excess Noise）

η 探测效率（Detection Efficiency）

ν 电子学噪声（Electronic Noise）

P 概率（Probability）

参 考 文 献

[1] Menezes A, van Oorschot P, Vanstone S. Handbook of applied cryptography [M]. United states: CRC Press, 1997.

[2] Gisin N, Ribordy G, Tittel W, et al. Quantum cryptography [J/OL]. Rev. Mod. Phys, 2002, 74: 145 – 195. http://link. aps. org/doi/10. 1103/RevModPhys. 74. 145.

[3] Shannon C E. A mathematical theory of communication [J]. Bell System Technical Journal, 1948, 27: 379 – 423, 623 – 656.

[4] Shannon C E. Communication theory of secrecy systems [J]. Bell system Technical Journal, 1949, 28: 656.

[5] Wiesner S. Conjugate coding [J]. SIGACT News, 1983, 15: 78 – 88.

[6] Bennett C, Brassard G. Quantum cryptography: Public key distribution and cointossing [C]. In Proceedings of IEEE International Conference on Computers, Systemsand Signal Processing, 1984.

[7] Brassard G, Chaum D, Crepeau C. Minimum disclosure proofs of knowledge [J]. J. Comput. Syst. Sci, 1988, 37: 156 – 189.

[8] Renner R. Security of quantum key distribution [D/OL]. Swiss: Swiss Federal Instituteof Technology Zurich, 2005.

[9] Bouwmeester D, Pan J – W, Mattle K, et al. Experimental quantum teleportation [J]. Nature, 1997, 390: 575.

[10] Bennett C H, Brassard G, Crepeau C, et al. Teleporting an unknown quantum statevia dual classical and Einstein – Podolsky – Rosen channels [J]. Phys. Rev. Lett, 1993, 70: 1895.

[11] Braunstein S L, van Loock P. Quantum information with continuous variables [J]. Rev. Mod. Phys, 2005, 77: 513.

[12] Pirandola S, Eisert J, Weedbrook C, et al. Advances in quantum teleportation [J/OL]. arXiv: 1505. 07831v1 [quant – ph], 2015. http://arxiv. org/abs/1505. 07831.

[13] Pan J – W, Bouwmeester D, Weinfurter H, et al. Experimental entanglement swapping: entangling photons that never interacted [J]. Phys. Rev. Lett, 1998, 80: 3891.

[14] Zukowski M, Zeilinger A, Horne M A, et al. "Event – ready – detectors" Bell experimentvia entanglement swapping [J/OL]. Phys. Rev. Lett, 1993, 71: 4287 – 4290. http://link. aps. org/doi/10. 1103/PhysRevLett. 71. 4287.

[15] Herbst T, Scheidl T, Fink M, et al. Teleportation of entanglement over 143km [J/OL]. arXiv: 1403. 0009v4 [quant – ph], 2014. http://arxiv. org/pdf/1403. 0009v4. pdf.

[16] Ursin R, Tiefenbacher F, Schmitt – Manderbach T, et al. Entanglement – based quantumcommunication over 144km [J]. Nature Phys, 2007, 3: 481 – 486.

[17] Wang J – Y, Yang B, Liao S – K, et al. Direct and full – scale experimental verificationstowards ground – satellite quantum key distribution [J]. Nature Photon, 2013, 7: 387.

[18] Bell J S. Speakable and unspeakable in quantum mechanics [M]. Cambridge: Cambridge University Press, 1988.

[19] Einstein A, Podolsky B, Rosen N. Can quantum – mechanical description of physicalreality be considered complete [J/OL]. Phys. Rev, 1935, 47: 777 – 780. http://link. aps. org/doi/10. 1103/Phys-Rev. 47. 777.

[20] Giustina M, Mech A, Ramelow S, et al. Bell violation using entangled photonswithout the fair – sampling assumption [J/OL]. Nature (London), 2013, 497: 227 – 230. http://dx. doi. org/10. 1038/nature12012.

[21] Brunner N, Cavalcanti D, Pironio S, et al. Bell nonlocality [J/OL]. Rev. Mod. Phys, 2014, 86: 419 – 478. http://link. aps. org/doi/10. 1103/RevModPhys. 86. 419.

[22] Pironio S, Acn A, Massar S, et al. Random numbers certified by Bell's theorem[J]. Nature, 2010, 464: 1021 – 1024.

[23] Shor P. Algorithms for quantum computation: discrete logarithms and factoring[C]. In Foundations of Computer Science, 1994 Proceedings. , 35th Annual Symposium on. Nov 1994: 124 – 134.

[24] Shor P W. Polynomial – time algorithms for prime factorization and discrete logarithmson a quantum computer [J/OL]. SIAM Journal on Computing, 1997, 26 (5): 1484 – 1509. http://dx. doi. org/10. 1137/S0097539795293172.

[25] http://www. dwavesys. com/.

[26] Cai X – D, Weedbrook C, Su Z – E, et al. Experimental quantum computing to solvesystems of linear equations [J]. Phys. Rev. Lett, 2013, 110: 230501.

[27] Georgescu I M, Ashhab S, Nori F. Quantum simulation [J/OL]. Rev. Mod. Phys. 2014, 86: 153 – 185. http://link. aps. org/doi/10. 1103/RevModPhys. 86. 153.

[28] Zwanenburg F A, Dzurak A S, Morello A, et al. Silicon quantum electronics[J/OL]. Rev. Mod. Phys. 2013, 85: 961 – 1019. http://link. aps. org/doi/10. 1103/RevModPhys. 85. 961.

[29] Lodahl P, Mahmoodian S, Stobbe S. Interfacing single photons and single quantumdots with photonic nanostructures [J/OL]. Rev. Mod. Phys, 2015, 87: 347 – 400. http://link. aps. org/doi/10. 1103/RevModPhys. 87. 347.

[30] Fuchs C A. Quantum mechanics as quantum information [J/OL]. arXiv: 0205039v1 [quant – ph], 2002. http://arxiv. org/pdf/quant – ph/0205039v1. pdf.

[31] Brassard G. Is information the key [J]. Nature Phys, 2005, 1: 2 – 4.

[32] Smolin J A. Can quantum cryptography imply quantum mechanics [J/OL]. arXiv: 0310067v1 [quant – ph], 2003. http://arxiv. org/pdf/quant – ph/0310067v1. pdf.

[33] Halvorson H, Bub J. Can quantum cryptography imply quantum mechanics? Reply to Smolin [J/OL]. arXiv: 0311065v1 [quant – ph], 2003. http://arxiv. org/pdf/quant – ph/0311065v1. pdf.

[34] Scarani V, Bechmann – Pasquinucci H, Cerf N J, et al. The security of practicalquantum key distribution [J/OL]. Rev. Mod. Phys, 2009, 81: 1301 – 1350. http://link. aps. org/doi/10. 1103/RevModPhys. 81. 1301.

[35] Mayers D, Yao A C. Quantum cryptography with imperfect apparatus [C]. In Proceedingsof the 39th Annual Symposium on Foundations of Computer Science. New York, 1998: 503.

[36] Barrett J, Hardy L, Kent A. No signaling and quantum key distribution [J/OL]. Phys. Rev. Lett, 2005, 95: 010503. http://link. aps. org/doi/10. 1103/PhysRevLett. 95. 010503.

[37] Acín A, Gisin N, Masanes L. From Bell's theorem to secure quantum key distribution[J/OL]. Phys. Rev. Lett, 2006, 97: 120405. http://link. aps. org/doi/10. 1103/PhysRevLett. 97. 120405.

[38] Acín A, Brunner N, Gisin N, et al. Device – independent security of quantum cryptographyagainst collective attacks [J/OL]. Phys. Rev. Lett, 2007, 98: 230501. http://link. aps. org/doi/10. 1103/PhysRevLett. 98. 230501.

[39] Pironio S, Acín A, Brunner N, et al. Device – independent quantum key distributionsecure against collective attacks [J/OL]. New Journal of Physics, 2009, 11 (4): 045021. http://stacks. iop. org/1367 – 2630/11/i = 4/a = 045021.

[40] Gisin N, Pironio S, Sangouard N. Proposal for implementing device – independentquantum key distribution based on a heralded qubit amplifier [J/OL]. Phys. Rev. Lett, 2010, 105: 070501. http://link. aps. org/doi/10. 1103/PhysRevLett. 105. 070501.

[41] Curty M, Moroder T. Heralded – qubit amplifiers for practical device – independentquantum key distribution [J/OL]. Phys. Rev. A, 2011, 84: 010304. http://link. aps. org/doi/10. 1103/PhysRevA. 84. 010304.

[42] Barrett J, Colbeck R, Kent A. Unconditionally secure device – independent quantumkey distribution with only two devices [J/OL]. Phys. Rev. A, 2012, 86: 062326. http://link. aps. org/doi/10. 1103/PhysRevA. 86. 062326.

[43] Reichardt B, Unger F, Vazirani U. Classical command of quantum systems [J/OL]. Nature (London), 2013, 496: 456 –460. http://dx. doi. org/10. 1038/nature12035.

[44] Vazirani U, Vidick T. Fully device – independent quantum key distribution [J/OL]. Phys. Rev. Lett. 2014, 113: 140501. http://link. aps. org/doi/10. 1103/PhysRevLett. 113. 140501.

[45] 孙仕海. 基于实际量子密钥分发系统的攻防研究[D]. 长沙:国防科学技术大学, 2012.

[46] 江木生. 量子保密通信关键器件研制及攻防研究[D]. 长沙:国防科学技术大学, 2015.

[47] Huttner B, Imoto N, Gisin N, et al. Quantum cryptography with coherentstates [J/OL]. Phys. Rev. A, 1995, 51: 1863 – 1869. http://link. aps. org/doi/10. 1103/PhysRevA. 51. 1863.

[48] Brassard G, L utkenhaus N, Mor T, et al. Limitations on practical quantum cryptography[J/OL]. Phys. Rev. Lett, 2000, 85: 1330 – 1333. http://link. aps. org/doi/10. 1103/PhysRevLett. 85. 1330.

[49] Lydersen L, Wiechers C, Wittmann C, et al. Hacking commercial quantum cryptographysystems by tailored bright illumination [J]. Nature Photon, 2010, 4: 686 – 689.

[50] Wang X – B. Beating the photon – number – splitting attack in practical quantum cryptography[J/OL]. Phys. Rev. Lett, 2005, 94: 230503. http://link. aps. org/doi/10. 1103/PhysRevLett. 94. 230503.

[51] Lo H – K, Ma X, Chen K. Decoy state quantum key distribution [J/OL]. Phys. Rev. Lett, 2005, 94: 230504. http://link. aps. org/doi/10. 1103/PhysRevLett. 94. 230504.

[52] Lo H – K, Curty M, Tamaki K. Secure quantum key distribution [J]. Nature Photon, 2014, 8: 595 – 604.

[53] Jiang M – S, Sun S – H, Tang G – Z, et al. Intrinsic imperfection of self – differencingsingle – photon detectors harms the security of high – speed quantum cryptographysystems [J/OL]. Phys. Rev. A. 2013, 88: 062335. http://link. aps. org/doi/10. 1103/PhysRevA. 88. 062335.

[54] Qin H, Kumar R, Alleaume R. Saturation attack on continuous – variable quantumkey distribution system [C]. In Proceedings of SPIE 8899, Emerging Technologiesin Security and Defence; and Quantum Security II; and Unmanned Sensor SystemsX. 2013: 88990N.

[55] Jiang M – S, Sun S – H, Li C – Y, et al. Wavelength – selected photon – number – splittingattack against

plug – and – play quantum key distribution systems with decoystates [J/OL]. Phys. Rev. A, 2012,86: 032310. http://link. aps. org/doi/10. 1103/PhysRevA. 86. 032310.

[56] Sun S – H, Jiang M – S, Liang L – M. Passive Faraday – mirror attack in a practical twowayquantum – key – distribution system [J/OL]. Phys. Rev. A. 2011,83: 062331. http://link. aps. org/doi/10. 1103/PhysRevA. 83. 062331.

[57] Li H – W, Wang S, Huang J – Z, et al. Attacking a practical quantum – keydistributionsystem with wavelength – dependent beam – splitter and multiwavelengthsources [J/OL]. Phys. Rev. A, 2011, 84: 062308. http://link. aps. org/doi/10. 1103/PhysRevA. 84. 062308.

[58] Ma X – C, Sun S – H, Jiang M – S, et al. Wavelength attack on practical continuousvariablequantum – key – distribution system with a heterodyne protocol [J/OL]. Phys. Rev. A, 2013, 87: 052309. http://link. aps. org/doi/10. 1103/PhysRevA. 87. 052309.

[59] Huang J – Z, Weedbrook C, Yin Z – Q, et al. Quantum hacking of a continuousvariablequantum – key – distribution system using a wavelength attack [J]. Phys. Rev. A, 2013,87: 062329.

[60] Huang J – Z, Kunz – Jacques S, Jouguet P, et al. Quantum hacking on quantum keydistribution using homodyne detection [J/OL]. Phys. Rev. A, 2014,89: 032304. http://link. aps. org/doi/10. 1103/PhysRevA. 89. 032304.

[61] Ma X – C, Sun S – H, Jiang M – S, et al. Enhancement of the security of a practicalcontinuous – variable quantum – key – distribution system by manipulating the intensityof the local oscillator [J/OL]. Phys. Rev. A, 2014,89: 032310. http://link. aps. org/doi/10. 1103/PhysRevA. 89. 032310.

[62] Jouguet P, Kunz – Jacques S, Diamanti E. Preventing calibration attacks on the localoscillator in continuous – variable quantum key distribution [J]. Phys. Rev. A, 2013,87: 062313.

[63] Ralph T C. Continuous variable quantum cryptography [J]. Phys. Rev. A, 1999,61: 010303(R).

[64] Hillery M. Quantum cryptography with squeezed states [J/OL]. Phys. Rev. A,2000,61: 022309. http://link. aps. org/doi/10. 1103/PhysRevA. 61. 022309.

[65] Reid M D. Quantum cryptography with a predetermined key, using continuousvariableEinstein – Podolsky – Rosen correlations [J/OL]. Phys. Rev. A, 2000,62: 062308. http://link. aps. org/doi/10. 1103/PhysRevA. 62. 062308.

[66] Cerf N J, Levy M, Assche G V. Quantum distribution of Gaussian keys usingsqueezed states [J/OL]. Phys. Rev. A, 2001,63: 052311. http://link. aps. org/doi/10. 1103/PhysRevA. 63. 052311.

[67] Grosshans F, Grangier P. Continuous variable quantum cryptography using coherentstates [J/OL]. Phys. Rev. Lett, 2002,88: 057902. http://link. aps. org/doi/10. 1103/PhysRevLett. 88. 057902.

[68] Grosshans F, Asschee G V, Wenger J, et al. Quantum key distribution usinggaussian – modulated coherent states [J]. Nature (London), 2003,421: 238.

[69] Weedbrook C, Lance A M, Bowen W P, et al. Quantum cryptography withoutswitching [J]. Phys. Rev. Lett, 2004,93: 170504.

[70] Weedbrook C, Lance A M, Bowen W P, et al. Coherent – state quantum key distributionwithout random basis switching [J]. Phys. Rev. A, 2006,73: 022316.

[71] Lance A M, Symul T, Sharma V, et al. No – switching quantum key distributionusing broadband modulated coherent light [J]. Phys. Rev. Lett, 2005,95: 180503.

[72] Lodewyck J, Debuisschert T, Tualle – Brouri R, et al. Controlling excess noise infiber – optics continuous –

variable quantum key distribution [J]. Phys. Rev. A, 2005,72: 050303(R).

[73] Lodewyck J, Bloch M, García – Patrn R, et al. Quantum key distribution over25 km with an all – fiber continuous – variable system [J]. Phys. Rev. A, 2007,76:76. 042305.

[74] Qi B, Huang L – L, Qian L, et al. Experimental study on the Gaussianmodulatedcoherent – state quantum key distribution over standard telecommunicationfibers [J]. Phys. Rev. A, 2007,76: 052323.

[75] Fossier S, Diamanti E, Debuisschert T, et al. Field test of a continuous – variablequantum key distribution prototype [J]. New J. Phys, 2009,11: 045023.

[76] Jouguet P, Kunz – Jacques S, Debuisschert T, et al. Field test of classical symmetricencryption with continuous variables quantum key distribution [J]. Opt. Express, 2012,20: 14030.

[77] Jouguet P, Kunz – Jacques S, Leverrier A, et al. Experimental demonstration of longdistancecontinuous – variable quantum key distribution [J]. Nature Photon, 2013,7: 378.

[78] Silberhorn C, Ralph T C, L utkenhaus N, et al. Continuous variable quantum cryptography: beating the 3 dB loss limit [J/OL]. Phys. Rev. Lett, 2002, 89: 167901. http://link. aps. org/doi/10. 1103/PhysRevLett. 89. 167901.

[79] Pirandola S, Mancini S, Lloyd S, et al. Continuous – variable quantum cryptographyusing two – way quantum communication [J]. Nature Phys, 2008,4: 726 – 730.

[80] Leverrier A, Grangier P. Unconditional security proof of long – distance continuousariablequantum key distribution with discrete modulation [J]. Phys. Rev. Lett, 2009,102: 180504.

[81] Weedbrook C, Pirandola S, Lloyd S, et al. Quantum cryptography approaching theclassical limit [J]. Phys. Rev. Lett, 2010,105: 110501.

[82] Weedbrook C, Pirandola S, Ralph T C. Continuous – variable quantum key distributionusing thermal states [J]. Phys. Rev. A, 2012,86: 022318.

[83] Gottesman D, Preskill J. Secure quantum key distribution using squeezedstates [J/OL]. Phys. Rev. A, 2001,63: 022309. http://link. aps. org/doi/10. 1103/PhysRevA. 63. 022309.

[84] Navascues M, Grosshans F, Acn A. Optimality of Gaussian attacks in continuousvariablequantum cryptography [J]. Phys. Rev. Lett, 2006,97: 190502.

[85] García – Patrn R, Cerf N J. Unconditional optimality of Gaussian attacks againstcontinuous – variable quantum key distribution [J]. Phys. Rev. Lett, 2006,97:190503.

[86] Renner R, Cirac J I. de Finetti representation theorem for infinite – dimensionalquantum systems and applications to quantum cryptography [J]. Phys. Rev. Lett, 2009,102: 110504.

[87] Pirandola S, Braunstein S L, Lloyd S. Characterization of collective Gaussian attacksand security of coherent – state quantum cryptography [J]. Phys. Rev. Lett, 2008,101: 200504.

[88] Leverrier A, Grangier P. Simple proof that Gaussian attacks are optimal among collectiveattacks against continuous – variable quantum key distribution with a Gaussianmodulation [J]. Phys. Rev. A, 2010, 81: 062314.

[89] Leverrier A, Grosshans F, Grangier P. Finite – size analysis of a continuous – variablequantum key distribution [J]. Phys. Rev. A, 2010,81: 062343.

[90] Christandl M, K onig R, Renner R. Postselection technique for quantum channelswith applications to quantum cryptography [J]. Phys. Rev. Lett, 2009,102: 020504.

[91] Leverrier A, García – Patrn R, Renner R, et al. Security of continuous – variablequantum key distribution

against general attacks [J]. Phys. Rev. Lett, 2013,110：030502.

[92] Leverrier A. Composable security proof for continuous – variable quantum key distributionwith coherent states [J/OL]. Phys. Rev. Lett, 2015, 114：070501. http://link. aps. org/doi/10. 1103/PhysRev-Lett. 114. 070501.

[93] Sun S – H, Gao M, Jiang M – S, et al. Partially random phase attack to thepractical two – way quantum – key – distribution system [J/OL]. Phys. Rev. A, 2012, 85：032304. http://link. aps. org/doi/10. 1103/PhysRevA. 85. 032304.

[94] Sun S – H, Jiang M – S, Ma X – C, et al. Hacking on decoy – state quantum key distributionsystem with partial phase randomization [J]. Sci. Rep. 2014, 4：4759.

[95] Filip R. Continuous – variable quantum key distribution with noisy coherentstates [J]. Phys. Rev. A, 2008, 77：022310.

[96] Shen Y, Yang J, Guo H. Security bound of continuous – variable quantum key distributionwith noisy coherent states and channel [J]. J. Phys. B：At. ,Mol. Opt. Phys, 2009, 42：235506.

[97] Usenko V C, Filip R. Feasibility of continuous – variable quantum key distributionwith noisy coherent states [J]. Phys. Rev. A, 2010, 81：022318.

[98] Jouguet P, Kunz – Jacques S, Diamanti E, et al. Analysis of imperfections in practicalcontinuous – variable quantum key distribution [J]. Phys. Rev. A, 2012, 86：032309.

[99] Chi Y – M, Qi B, Zhu W, et al. A balanced homodyne detector for high – rateGaussian – modulated coherent – state quantum key distribution [J/OL]. New J. Phys, 2011, 13 (1)：013003. http://stacks. iop. org/1367 – 2630/13/i = 1/a = 013003.

[100] García – Patrn R. Quantum information with optical continuous variables：from Bell tests to key distribution [D]. Bruxelles：Universite Libre de Bruxelles, 2007.

[101] Leverrier A. Theoretical study of continuous – variable quantum key distribution[D]. Paris：Telecom ParisTech, 2009.

[102] 杨健. 相干态连续变量量子密钥分发中的若干理论问题研究[D]. 北京：北京大学, 2013.

[103] 黄靖正. 量子密钥分配系统实际安全性研究[D]. 合肥：中国科学技术大学, 2014.

[104] Fiurasek J, Cerf N J. Gaussian postselection and virtual noiseless amplificationin continuous – variable quantum key distribution [J]. Phys. Rev. A, 2012, 86：060302(R).

[105] Walk N, Ralph T C, Symul T, et al. Security of continuous – variable quantum cryptographywith Gaussian postselection [J]. Phys. Rev. A, 2013, 87：020303(R).

[106] Ruppert L, Usenko V C, Filip R. Long – distance continuous – variable quantumkey distribution with efficient channel estimation [J/OL]. Phys. Rev. A, 2014, 90：062310. http://link. aps. org/doi/10. 1103/PhysRevA. 90. 062310.

[107] Renner R, Gisin N, Kraus B. Information – theoretic security proof for quantumkey – distribution protocols [J/OL]. Phys. Rev. A, 2005, 72：012332. http://link. aps. org/doi/10. 1103/PhysRevA. 72. 012332.

[108] Renes J M, Smith G. Noisy processing and distillation of private quantumstates [J/OL]. Phys. Rev. Lett, 2007, 98：020502. http://link. aps. org/doi/10. 1103/PhysRevLett. 98. 020502.

[109] Mertz M, Kampermann H, Shadman Z, et al. Quantum key distribution withfinite resources：Taking advantage of quantum noise [J/OL]. Phys. Rev. A, 2013, 87：042312. http://link. aps. org/doi/10. 1103/PhysRevA. 87. 042312.

[110] García - Patrón R, Cerf N J. Continuous - variable quantum key distribution protocolsover noisy channels [J]. Phys. Rev. Lett, 2009,102: 130501.

[111] Madsen L S, Usenko V C, Lassen M, et al. Continuous variable quantum key distributionwith modulated entangled states [J/OL]. Nat. Commun, 2012,3: 1083. http://dx. doi. org/10. 1038/ncomms2097.

[112] Namiki R, Hirano T. Security of quantum cryptography using balanced homodynedetection [J/OL]. Phys. Rev. A, 2003,67: 022308. http://link. aps. org/doi/10. 1103/PhysRevA. 67. 022308.

[113] Hirano T, Yamanaka H, Ashikaga M, et al. Quantum cryptography using pulsedhomodyne detection [J/OL]. Phys. Rev. A, 2003,68: 042331. http://link. aps. org/doi/10. 1103/PhysRevA. 68. 042331.

[114] Namiki R, Hirano T. Practical limitation for continuous - variable quantum cryptographyusing coherent states [J/OL]. Phys. Rev. Lett, 2004, 92: 117901. http://link. aps. org/doi/10. 1103/PhysRevLett. 92. 117901.

[115] Namiki R, Hirano T. Security of continuous - variable quantum cryptography usingcoherent states: Decline of postselection advantage [J/OL]. Phys. Rev. A, 2005, 72: 024301. http://link. aps. org/doi/10. 1103/PhysRevA. 72. 024301.

[116] Namiki R, Hirano T. Efficient - phase - encoding protocols for continuous - variablequantum key distribution using coherent states and postselection [J/OL]. Phys. Rev. A, 2006, 74: 032302. http://link. aps. org/doi/10. 1103/PhysRevA. 74. 032302.

[117] Zhao Y - B, Heid M, Rigas J, et al. Asymptotic security of binary modulatedcontinuous - variable quantum key distribution under collective attacks [J]. Phys. Rev. A, 2009,79: 012307.

[118] Zhang Z, Voss P L. Security of a discretely signaled continuous variable quantumkey distribution protocol for high rate systems [J]. Opt. Express, 2009,17: 12090.

[119] Pirandola S, Ottaviani C, Spedalieri G, et al. High - rate quantum cryptographyin untrusted networks [J/OL]. arXiv: 1312. 4104v1 [quant - ph], 2013. http://arxiv. org/abs/1312. 4104.

[120] Li Z, Zhang Y - C, Xu F, et al. Continuous - variable measurement - deviceindependentquantum key distribution [J/OL]. arXiv: 1312. 4655v1 [quant - ph]. 2013. http://arxiv. org/abs/1312. 4655.

[121] Ma X - C, Sun S - H, Jiang M - S, et al. Gaussian - modulated coherent - statemeasurement - device - independent quantum key distribution [J/OL]. arXiv: 1312. 5025v1 [quant - ph]. 2013. http://arxiv. org/abs/1312. 5025.

[122] Pirandola S, Ottaviani C, Spedalieri G, et al. High - rate measurement - deviceindependentquantum cryptography [J]. Nature Photon. 2015,9: 397 - 402.

[123] Zhang W - M, Feng D H, Gilmore R. Coherent states: Theory and some applications[J]. Rev. Mod. Phys, 1990,62: 867.

[124] Andersen U L, Leuchs G, Silberhorn C. Continuous Variable Quantum InformationProcessing [J/OL]. arXiv:1008. 3468v1 [quant - ph]. 2010. arXiv:1008. 3468v1 [quant - ph] 20 Aug 2010.

[125] Weedbrook C, Pirandola S, García - Patrn R, et al. Gaussian quantum information[J]. Rev. Mod. Phys, 2012,84: 621.

[126] Adesso G, Ragy S, Lee A R. Continuous variable quantum information: Gaussianstates and beyond [J/OL]. arXiv: 1401. 4679v1 [quant - ph], 2014. http://arxiv. org/abs/1401. 4679.

[127] Grangier P, Levenson J A, Poizat J P. Quantum non - demolition measurements inoptics [J]. Nature, 1998,396: 537 - 542.

[128] Von Neumann J. Mathematical foundation of quantum mechanics [M]. United States:PrincetonUniversity Press,1955.

[129] Furrer F,Franz T,Berta M,et al. Continuous variable quantum key distribution:finite - key analysis of composable security against coherent attacks [J]. Phys. Rev. L, 2012,109: 100502.

[130] Sun S - H,Jiang M - S,Liang L - M. Single - photon - detection attack on the phasecodingcontinuous - variable quantum cryptography [J]. Phys. Rev. A,2012,86:012305.

[131] Scarani V,Kurtsiefer C. The black paper of quantum cryptography: real implementationproblems [J/OL]. arXiv:0906. 4547v1 [quant - ph], 2009. http://arxiv. org/abs/0906. 4547v1.

[132] Liang L - M,Sun S - H,Jiang M - S,et al. Security analysis on some experimentalquantum key distribution systems with imperfect optical and electrical devices[J/OL]. Frontiers of Physics,2014,9 (5): 613. http://journal. hep. com. cn/fop/EN/abstract/article_11526. shtml.

[133] Sun S - H,Xu F,Jiang M - S,et al. Effect of source tampering in the security ofquantum cryptography [J/OL]. Phys. Rev. A, 2015,92: 022304. http://link. aps. org/doi/10. 1103/PhysRevA. 92. 022304.

[134] Shen Y,Peng X,Yang J,et al. Continuous - variable quantum key distribution with Gaussian source noise [J/OL]. Phys. Rev. A, 2011,83: 052304. http://link. aps. org/doi/10. 1103/PhysRevA. 83. 052304.

[135] Yang J,Xu B,Guo H. Source monitoring for continuous - variable quantum keydistribution [J]. Phys. Rev. A, 2012,86: 042314.

[136] Braunstein S L,Pirandola S. Side - channel - free quantum key distribution [J/OL]. Phys. Rev. Lett, 2012,108: 130502. http://link. aps. org/doi/10. 1103/PhysRevLett. 108. 130502.

[137] Lo H - K,Curty M,Qi B. Measurement - device - independent quantum key distribution[J/OL]. Phys. Rev. Lett, 2012,108: 130503. http://link. aps. org/doi/10. 1103/PhysRevLett. 108. 130503.

[138] Rubenok A,Slater J A,Chan P,et al. Real - world two - photon interference andproof - of - principle quantum key distribution immune to detector attacks [J/OL]. Phys. Rev. Lett, 2013,111: 130501. http://link. aps. org/doi/10. 1103/PhysRevLett. 111. 130501.

[139] Liu Y,Chen T - Y,Wang L - J,et al. Experimental measurement - device - independentquantum ley distribution [J/OL]. Phys. Rev. Lett, 2013,111: 130502. http://link. aps. org/doi/10. 1103/PhysRevLett. 111. 130502.

[140] Tang Z,Liao Z,Xu F,et al. Experimental demonstration of polarization encodingmeasurement - device - independent quantum key distribution [J/OL]. Phys. Rev. Lett, 2014, 112: 190503. http://link. aps. org/doi/10. 1103/PhysRevLett. 112. 190503.

[141] Tang Y - L,Yin H - L,Chen S - J,et al. Measurement - device - independent quantumkey distribution over 200 km [J/OL]. Phys. Rev. Lett, 2014,113: 190501. http://link. aps. org/doi/10. 1103/PhysRevLett. 113. 190501.

[142] Huang J - Z,Yin Z - Q,Wang S,et al. Wavelength attack scheme on continuousvariablequantum key distribution system using heterodyne detection protocol[J/OL]. arXiv:1206. 6550v1 [quant - ph]. 2012. http://arxiv. org/abs/1206. 6550v1.

[143] Xuan Q D,Zhang Z,Voss P L. A 24 km fiber - based discretely signaled continuousvariable quantum key distribution system [J]. Phys. Rev. A, 2008.

[144] Shen Y,Zou H,Tian L,et al. Experimental study on discretely modulatedcontinuous - variable quantum key distribution [J]. Phys. Rev. A,2010,82: 022317.

119

[145] Liu W – T,Sun S – H,Liang L – M,et al. Proof – of – principle experiment of a modifiedphoton – number – splitting attack against quantum key distribution [J/OL]. Phys. Rev. A,2011,83: 042326. http://link. aps. org/doi/10. 1103/PhysRevA. 83. 042326.

[146] Ankiewica A,Snyder A W,Zheng X. Coupling between parallel optical fibercores – Critical examination [J]. J. Lightwave Technol,1986,4: 1317 – 1323.

[147] Tekippe V J. Passive fiber – optic components made by the fused biconical taperprocess [J/OL]. Fiber and Integrated Optics, 1990,9 (2): 97 – 123. http://dx. doi. org/10. 1080/01468039008202898.

[148] Yuen H P,Chan V W S. Noise in homodyne and heterodyne detection [J/OL]. Opt. Lett. 1983,8 (3): 177 – 179. http://ol. osa. org/abstract. cfmURI = ol – 8 – 3 – 177.

[149] Schumaker B L. Noise in homodyne detection [J/OL]. Opt. Lett, 1984,9 (5):189 – 191. http://ol. osa. org/abstract. cfm? URI = ol – 9 – 5 – 189.

[150] Raymer M G,Cooper J,Carmichael H J,et al. Ultrafast measurement of opticalfieldstatistics by dc – balanced homodyne detection [J/OL]. J. Opt. Soc. Am. B,1995,12 (10): 1801 – 1812. http://josab. osa. org/abstract. cfm? URI = josab – 12 – 10 – 1801.

[151] Xuan Q D,Zhang Z,Voss P L. A 24 km fiber – based discretely signaled continuousvariable quantum key distribution system [J/OL]. Opt. Express, 2009,17 (26): 24244 – 24249. http://www. opticsexpress. org/abstract. cfm? URI = oe – 17 – 26 – 24244.

[152] Grosshans F. Collective attacks and unconditional security in continuous variablequantum key distribution [J]. Phys. Rev. Lett, 2005,94: 020504.

[153] H aseler H,Moroder T,L utkenhaus N. Testing quantum devices: Practicalentanglement verification in bipartite optical systems [J/OL]. Phys. Rev. A,2008,77: 032303. http://link. aps. org/doi/10. 1103/PhysRevA. 77. 032303.

[154] Grosshans F,Cerf N J,Wenger J,et al. Virtual entanglement and reconciliationprotocols for quantum cryptography with continuous variables [J]. Quantum Inf. Comput, 2003,3: 535.

[155] Kullback S,Leibler R A. On information and sufficiency [J/OL]. Ann. Math. Statist, 1951,22: 79. http://projecteuclid. org/euclid. aoms/1177729694.

[156] Ziv J,Zakai M. On functionals satisfying a data – processing theorem [J]. Information Theory,IEEE Transactions on, 1973,19 (3): 275 – 283.

[157] Serafini A,Illuminati F,Siena S D. Symplectic invariants,entropic measures andcorrelations of Gaussian states [J/OL]. J. Phys. B: At. ,Mol. Opt. Phys, 2004,37 (2):L21. http://stacks. iop. org/0953 – 4075/37/i = 2/a = L02.

[158] Adesso G,Serafini A,Illuminati F. Extremal entanglement and mixedness incontinuous variable systems [J/OL]. Phys. Rev. A, 2004,70: 022318. http://link. aps. org/doi/10. 1103/PhysRevA. 70. 022318.

[159] Ma X – C,Sun S – H,Jiang M – S,et al. Local oscillator fluctuation opens a loopholefor Eve in practical continuous – variable quantum – key – distribution systems [J/OL]. Phys. Rev. A, 2013,88: 022339. http://link. aps. org/doi/10. 1103/PhysRevA. 88. 022339.

[160] Appel J,Hoffman D,Figueroa E,et al. Electronic noise in optical homodyne tomography[J/OL]. Phys. Rev. A, 2007,75: 035802. http://link. aps. org/doi/10. 1103/PhysRevA. 75. 035802.

[161] Haderka O,Michalek V,Urbasek V,et al. Fast time – domain balanced homodynedetection of light [J/OL]. Appl. Opt, 2009, 48 (15): 2884 – 2889. http://ao. osa. org/abstract. cfm? URI = ao – 48 – 15 –

2884.

[162] Furusawa A, Srensen J L, Braunstein S L, et al. Unconditional quantumteleportation [J/OL]. Science, 1998, 282 (5389): 706 – 709. http://www. sciencemag. org/content/282/5389/706. abstract.

[163] Braunstein S L, Kimble H J. Teleportation of continuous quantum variables [J/OL]. Phys. Rev. Lett, 1998, 80: 869 – 872. http://link. aps. org/doi/10. 1103/PhysRevLett. 80. 869.

[164] Li Z, Zhang Y – C, Xu F, et al. Continuous – variable measurement – deviceindependentquantum key distribution [J/OL]. Phys. Rev. A, 2014, 89: 052301. http://link. aps. org/doi/10. 1103/PhysRevA. 89. 052301.

[165] Jouguet P, Kunz – Jacques S, Leverrier A. Long – distance continuous – variable quantumkey distribution with a Gaussian modulation [J]. Phys. Rev. A, 2011, 84: 84. 062317.

[166] Zhang Y – C, Li Z, Yu S, et al. Continuous – variable measurement – deviceindependentquantum key distribution using squeezed states [J/OL]. Phys. Rev. A, 2014, 90: 052325. http://link. aps. org/doi/10. 1103/PhysRevA. 90. 052325.

[167] Zhang J, Peng K. Quantum teleportation and dense coding by means of bright amplitude – squeezed light and direct measurement of a Bell state [J/OL]. Phys. Rev. A, 2000, 62: 064302. http://link. aps. org/doi/10. 1103/PhysRevA. 62. 064302.

[168] Zhang J, Xie C, Peng K. Entanglement swapping using nondegenerate opticalparametric amplifier [J/OL]. Phys. Lett. A, 2002, 299: 427 – 432. http://www. sciencedirect. com/science/article/pii/S0375960102006916.

[169] Jia X, Su X, Pan Q, et al. Experimental demonstration of unconditional entanglementswapping for continuous variables [J/OL]. Phys. Rev. Lett, 2004, 93: 250503. http://link. aps. org/doi/10. 1103/PhysRevLett. 93. 250503.

[170] Qi B, Lougovski P, Pooser R, et al. Generating the local oscillator "locally" incontinuous – variable quantum key distribution based on coherent detection [J/OL]. arXiv: 1503. 00662v1 [quant – ph], 2015. http://arxiv. org/abs/1503. 00662v1.

[171] Soh D B S, Brif C, Coles P J, et al. Self – referenced continuous – variable quantumkey distribution [J/OL]. arXiv: 1503. 04763v1 [quant – ph], 2015. http://arxiv. org/abs/1503. 04763.

[172] Pirandola S. Entanglement reactivation in separable environments [J/OL]. New J. Phys, 2013, 15 (11): 113046. http://stacks. iop. org/1367 – 2630/15/i = 11/a = 113046.

[173] Eisert J, Scheel S, Plenio M B. Distilling Gaussian states with Gaussian operationsis impossible [J/OL]. Phys. Rev. Lett, 2002, 89: 137903. http://link. aps. org/doi/10. 1103/PhysRevLett. 89. 137903.

[174] Ma X – C, Sun S – H, Jiang M – S, et al. Gaussian – modulated coherent – statemeasurement – device – independent quantum key distribution [J/OL]. Phys. Rev. A, 2014, 89: 042335. http://link. aps. org/doi/10. 1103/PhysRevA. 89. 042335.

[175] Terhal B. Is entanglement monogamous? [J]. IBM Journal of Research and Development, 2004, 48 (1): 71 – 78.

[176] Koashi M, Winter A. Monogamy of quantum entanglement and other correlations[J/OL]. Phys. Rev. A, 2004, 69: 022309. http://link. aps. org/doi/10. 1103/PhysRevA. 69. 022309.

[177] Tomamichel M, Fehr S, Kaniewski J, et al. A monogamy – of – entanglement gamewith applications to device – independent quantum cryptography [J/OL]. New J. Phys, 2013, 15 (10): 103002. http://stacks. iop. org/1367 – 2630/15/i = 10/a = 103002.

［178］王金晶,贾晓军,彭堃墀. 平衡零拍探测器的改进［J］. 光学学报,2012,32:0127001.

［179］王金晶. 平衡零拍探测器的研制［D］. 太原:山西大学,2012.

［180］郑公爵,戴大鹏,方银飞,等. 具有两级放大的平衡零拍光电探测器［J］. 激光与光电子学进展,2014,51:040401.

［181］王大鹏,吴重庆,盛新志,等. 低噪声不隔直光电探测电路的设计［J］. 光学与光电技术,2014,12:54 – 58.

［182］巫中伟. 窄脉冲半导体激光器驱动设计及频率控制技术［D］. 南京:南京理工大学,2007.

［183］何成林. 半导体激光器驱动电路设计［J］. 科学技术与工程,2009,9:1671 – 1819.

［184］阎得科,孙传东,冯莉,等. 高功率窄脉宽半导体激光激励器设计［J］. 应用光学,2011,32:165 – 169.

［185］康健斌. 脉冲式半导体激光器驱动源的设计［D］. 西安:西安电子科技大学,2011.

［186］王元化. 激光器驱动电路与光电检测电路的设计与制作［D］. 武汉:武汉理工大学,2013.

［187］Walk N,Wiseman H M,Ralph T C. Continuous variable one – sided device independentquantum key distribution［J/OL］. arXiv:1405. 6593v1［quant – ph］,2014. http://arxiv. org/abs/1405. 6593.

［188］Marshall K,Weedbrook C. Device – independent quantum cryptography for continuousvariables［J/OL］. Phys. Rev. A,2014,90:042311. http://link. aps. org/doi/10. 1103/PhysRevA. 90. 042311.

后　　记

　　自古以来,安全通信一直是人们不懈追求的目标。人们对安全通信的迫切需求随着科技的进步、社会的发展与日俱增。怎样更好更安全地保护个人信息免遭泄露,怎样进行安全可靠的私密通信,使得人们在窃听与反窃听的斗争中不断积累经验、推陈出新,寻求更安全更先进的密码体制。第二次世界大战以来,人们所使用的密码体制一直是基于计算复杂度假设,但随着软硬件技术的革新和飞速发展,经典密码体制变得越来越不安全、越来越不可靠。量子密码的提出彻底改变了密码的面貌,从而根本上解决了密码的可靠性问题,使得密码的安全性有了更坚实的物理基础,也使得安全通信成为可能,变得更可靠、更持久。

　　基于此,本书深入研究了连续变量量子密码的安全性,包括实际系统的现实安全性和新协议的理论安全性。下面将对本书所叙述的工作进行总结,提炼出创新点,并对后续工作和下一步的研究进行合理的展望,以期为未来的研究提供一些思路和启示。

1. 总结

　　本书所做的工作主要包含两大块内容:CVQKD 实际系统的现实安全性分析与连续变量测量设备无关协议理论安全性证明。

　　(1) 分束器缺陷对实际系统现实安全性的影响。针对 CVQKD 实际系统中普遍使用的分束器分束比依赖于波长的特性,独立提出波长攻击方案。该攻击方案有效攻击差分探测协议需要满足一定的条件,即攻击方程组。本书解析地求解出了该方程组的解,从而给出了攻击参数的取值范围,根据该参数范围重新设计和优化了攻击方案。在分析过程中,同时考虑了分束器另一端口所引进的真空噪声对攻击后 Bob 端探测数据的影响,数值结果表明该噪声对波长攻击方案的参数选取具有重要的影响。因此,为应对分束器缺陷所带来的安全性漏洞,不仅需要在接收端添加滤光器,同时还要避免使用分束比有缺陷的分束器,这样才能确保实际系统的安全性。

　　(2) 本底光强度波动对实际系统现实安全性的影响。在传统的 CVQKD 安全性分析中,本底光被当作理想的经典光,很少考虑它对实际系统现实安全性的影响。本书提出了本底光强度攻击方案,数值仿真结果表明,本底光很小的衰减波动即可掩盖大部分信道额外噪声,使得通信双方所获取的密钥完全被窃听而不被发现。这有力地说明了本底光是 CVQKD 实际系统中一个潜在的安全性漏洞,其强度波动为窃听者攻击实际系统打开了后门。因此,对实际系统中本底光的保护和监控将显得极端重要。为应对此攻击,对接收端探测结果应进行瞬时归一化,或采用局域制备本底光的方式从根本上解决问题。

(3) 探测器的电子学噪声对实际系统现实安全性的影响。一般 CVQKD 实际系统所使用的探测器是平衡零拍探测器(BHD),而实际的 BHD 具有探测效率和电子学噪声等非完美性。本书分析了,当使用"实际模型"来处理电子学噪声时,即将电子学噪声当作可信噪声来计算密钥率时,在本底光波动的情况下,瞬时归一化探测结果会高估电子学噪声而低估信道额外噪声,从而使窃听者可以窃取部分密钥而不被发现。进而,本书提出一种本底光监控和稳定装置来有效应对探测器攻击,并利用该装置提出了一种提高实际系统性能的方法,即通过调节本底光的强度来调节归一化的电子学噪声方差,根据"以噪抗噪原理",来增加密钥率。这样,不仅增强了实际系统的安全性还提高了实际性能。

(4) 连续变量 MDI – QKD 协议的提出及其安全性理论证明。离散变量 MDI – QKD 协议一经提出,立刻被实验演示或被远距离实现。其核心思想基于纠缠交换,因此,启发于连续变量纠缠交换思想,我们独立提出了连续变量 MDI – QKD 协议,并给出了单模攻击下的安全性理论证明。分析结果表明,连续变量 MDI – QKD 协议在对称信道的情况下即 Bell 中继处在中间位置时,传输距离受限,而在非对称情况下,一端靠近中继,另一端便可以大大远离中继。这为需求高码率、客户端一端靠近服务端的应用场合提供了不错的选择。随后,针对双模攻击下的安全性,本书进一步证明双模攻击是次优的而单模攻击是最优的。因此,对于非可信中继,双模攻击要约化成单模攻击,密钥率可由协方差矩阵计算给出。当然,对于有利于 Bell 探测的双模攻击(比分束器攻击还弱的双模攻击),并不能约化成单模攻击,但仍然可以由协方差矩阵计算密钥率。

(5) 提出真正实现连续变量 MDI – QKD 协议的实验方案。虽然连续变量 MDI – QKD 协议被提出来之后进行了原理性实验验证,然而该验证距离真正实验实现还很遥远。一方面,通信双方参考系的校准还没有可行的实验方案;另一方面怎样高效实现中继端 Bell 态测量仍然是个困难,而且中继端用于平衡零拍探测的本底光的来源和校准同样面临挑战。基于目前文献提出的局域制备本底光思想,本书尝试提出可行的能够真正实现连续变量 MDI – QKD 协议的实验方案。该方案不仅解决了参考系的校准问题,而且还解决了 Bell 态测量问题。最重要的是,根据目前已有的实验技术,该方案完全可以实验实现,不需要复杂的光学操作,理论分析表明,所有上述问题都可以基于该方案通过数据后处理的方式进行解决,因此具有很高的实用价值。另外,为了构建高安全性通信系统,除了提出可行的实验方案外,我们还探索了关键器件的研制,如平衡零拍探测器和大功率脉冲激光器,给出了相应的实验电路图,并进行了部分实验验证。

综上所述,本书一方面研究了 CVQKD 实际系统的现实安全性,不仅分析了器件、光源和探测器潜藏的安全性漏洞对系统安全性的影响,还进一步提出了有效的补救措施,从而增强了 CVQKD 实际系统的安全性和可靠性;另一方面,本书还独立提出了安全性更高(假设条件少)的连续变量 MDI - QKD 协议,不仅对协议进行了详细的安全性理论证明,还根据目前已有的实验技术和思想,提出了实验可行的真正可以实现该协议的实验方案。结合 CVQKD 关键器件的研制,本书在探索高安全性系统的搭建过程中迈出了坚实而重要的一步。

2. 创新

本书的创新点或创新之处提炼出来有以下几点。

(1)针对分束器缺陷,提出了波长攻击方案,并证明该方案在某些参数范围内可以成功攻击 CVQKD 差分探测协议。在分析该方案的过程中,具体求解了攻击方程,并分析了不同波长的光通过分束器进入平衡零拍探测器时分别引入的散粒噪声,且进行了数值模拟,得出了攻击成功的条件,给出了相应的防御措施。

(2)提出了本底光强度攻击方案,警醒人们在实际系统中需要对光源进行保护和监控。本底光强度攻击源于测量数据的归一化问题,微小的波动即可使原有的归一化过程掩盖大量的信道额外噪声,使得通信双方高估密钥率。后来陆续提出的攻击方案,大多也都建立在如何隐藏信道额外噪声的想法上。

(3)在研究探测器电子学噪声时,发现该噪声既可以被窃听者利用以攻击实际系统,也可以被通信双方利用并被监控起来增强实际系统的性能。研究中还发现,通过调节本底光的强度可以调节归一化电子学噪声方差,从而提高密钥率。这说明针对一定的噪声信道,探测器存在最优的匹配信噪比,且该信噪比可以由本底光强度进行调节(虽然调节范围有限),从而一定程度上可以放宽探测器的制备要求(高探测效率,低电子学噪声)。

(4)独立提出了连续变量 MDI - QKD 协议,并给出了单模和双模攻击下的安全性理论证明。证明中强调了协方差矩阵的重要性,利用协方差矩阵可以大大简化证明过程。证明方法和结果推广应用到了基于非可信中继的连续变量多用户量子网络。

(5)提出了可以真正实现连续变量 MDI - QKD 协议的实验方案。该方案利用了本底光局域制备测量原理,不仅解决了通信双方和探测端参考系校准问题,还有效解决了探测端零拍探测器本底光校准问题,而且所有这些问题都可以通过数据后处理来实现,大大简化了光学操作。

3. 展望

量子保密通信经过近几十年的飞速发展,理论和实验都较为成熟,正在朝着工程应用方向积极推广。毫无疑问,量子密码所带来的安全通信将会给通信界带来前所未有的革新,将从根本上确保个人信息和隐私的安全。因此,对目前已有的 QKD 系统进行研究和分析,具有重大的意义,不仅可以促进 QKD 的进一步发展,催生出更多更安全更简洁的 QKD 协议,还可以启发人们去探索新的物理规律。本书围绕这一前沿方向,深入开展了 CVQKD 实际系统现实安全性的研究,提出了新的密钥分发协议,并证明了其安全性,给出了实验实现方案。尽管如此,本书的研究仍然不能尽如人意,尚存不足,仍需进一步完善和拓展。后续工作以及未来可以拓展的研究方向,概括起来,有以下几个方面。

(1)本底光的强度波动为窃听者打开了攻击后门,那么本底光的微小波动到底对系统的安全性有多大影响,本书并没有给出定量的分析和描述。关于这方面的研究已由后面的学生进行跟进。此外,如何对本底光进行有效地监控和保护,虽然本书给出了一定的措施,但该措施并没有被实验验证,而且实现起来也比较困难,有无更简洁更有效的方式需要进一步探索。

(2)连续变量 MDI – QKD 协议还没有得到真正的实验实现,但本书提出了可行的实验方案,相信不久将会被实验证实。然而,实现该协议的方案可能不止一种,寻求更简洁更有效的实验方案将会是 CVQKD 领域未来一段时间研究的兴趣点之一。这不仅可以增强实际系统的安全性,还可以促进非可信中继量子网络的研究。另外,BHD 和脉冲激光器的设计和改进也需要进一步的实验验证和测试,从而研制出满足高安全性系统搭建需求的器件或设备。

(3)深入研究 CVQKD 的理论安全性和现实安全性,可以促进连续变量设备无关协议的发展,虽然目前有单端和双端设备无关协议提出[187,188],但都没有引起人们足够的兴趣和关注。一方面,这些协议对连续变量的特性运用的还不够彻底;另一方面,这些协议的安全性证明相对还不够完善,因此需要进一步深入研究。

(4)在 QKD 领域,离散变量 QKD 和连续变量 QKD 在理论和实验上都在飞速发展,但连续变量 QKD 的发展好像略微滞后,怎样发挥连续变量的优势并提升其关注度是未来一个有趣的研究方向。另外,离散变量 QKD 和连续变量 QKD 虽然都在发展,但它们相对独立,彼此没有关联,因此,融合离散变量和连续变量的优势于 QKD 中,扬长避短,也许会有意想不到的新的物理现象和物理规律,等待进一步发现。